ADHD·자폐
아이를 성장시키는
말 걸기

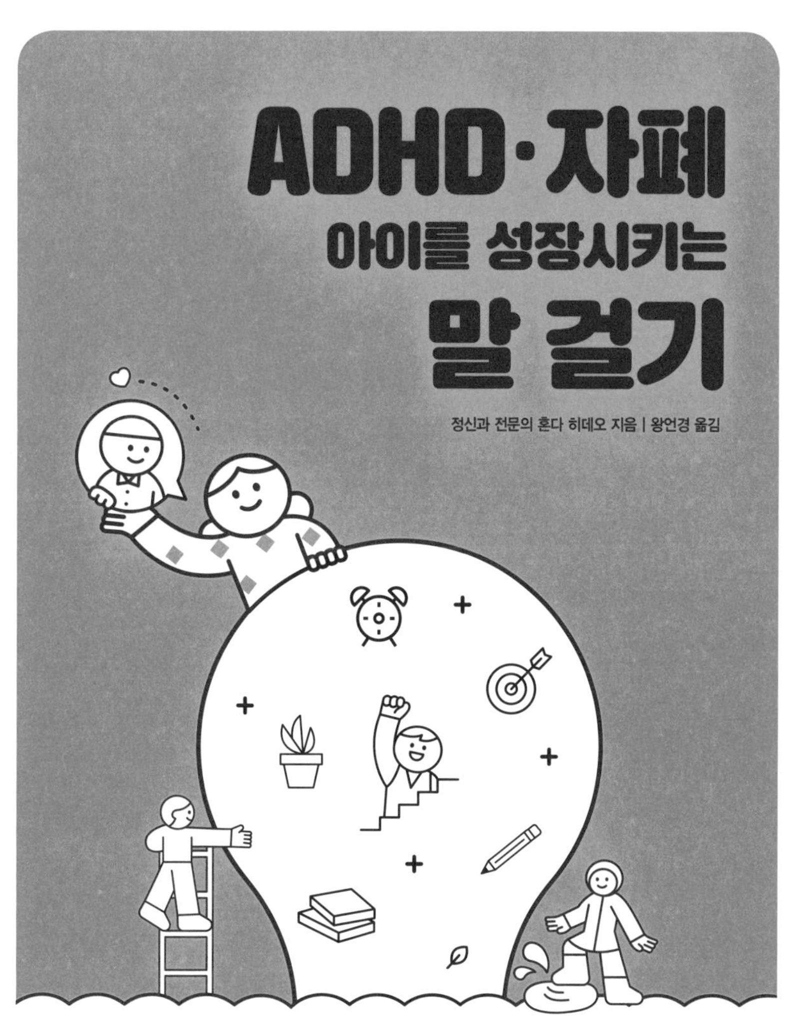

정신과 전문의 혼다 히데오 지음 | 왕언경 옮김

이아소

발달장애 아이 어떻게 키워야 할까

이 책은 '아이의 발달장애'에 대해 쉽게 설명해드리기 위해 썼습니다. 특히 '발달장애 아이 육아법'에 대해 알려드립니다. 육아법에 관한 책은 이미 많이 나와 있지만, 대부분이 부모와 교사를 대상으로 합니다. '부모와 교사가 발달장애 아이를 어떻게 돌볼 것인가'라는 관점이지요.

이 책에서는 아이가 주인공입니다. 유아기부터 사춘기까지의 아동에 한정해, '발달장애 아이는 어떻게 성장하는지' 설명해드립니다. 그리고 '부모나 교사, 어른들은 어떻게 해야 좋을지'에 대해서도 알려드리려고 합니다.

저는 아동 정신과 의사로, 발달장애 전문의로 30년 이상 '아이가 주인공'이라는 생각으로 진료해왔습니다. 유아기에 만나 성인이 될 때까지 제가 장기간에 걸쳐 진료를 담당해온 발달장애인의 수는 세계적으로 보아도 꽤 많습니다.

발달장애 아이의 성장 속도는 다른 아이와는 다릅니다. 비장애아와 비교할 필요도 없습니다. 그 아이만의 속도로 성장하면 되니까요.

이 책은 '이런 아이로 기릅시다'라든가 '부모로서 어떻게 아이를 양육해야 하는가'가 아니라, '이 아이는 어떤 아이인가'에서 출발합니다. 세상의 많은 양육서와 다른 점도 있어서, 읽으면서 당혹스러울 수 있습니다. 하지만 '부모의 입장'은 일단 접어두고 '아이의 관점'에서 양육이 이루어진다면, 부모는 한결 편안해집니다.

본래 아이는 부모의 생각대로 자라주지 않습니다. 따라서 부모의 입장을 내세우다 보면 기대는 자꾸 어긋나고 초조해질 수 있습니다.

아이가 주인공이 되는 양육을 하면 그런 초조함이 사라집니다. 아이도 짜증 내지 않게 됩니다.

그렇게 부모가 한 걸음 물러나 바라보면, '아, 이 아이는 이런 아이구나', '그렇다면…… 지금 아이는 이런 기분이지 않을까'라는 생각을 하게 됩니다.

아이를 양육할 때는 부모의 입장, 부모의 욕심, 부모의 계획을 버리는 것이 매우 중요합니다. 쉽지 않은 일이지만, 이 책을 읽고 나서 한번 시험해보시기 바랍니다.

부모의 마음이 편안해지고 아이가 구김살 없이 자라서 부모와 자녀의 관계가 좋아지는 육아, 그것이 '아이가 주인공이 되는 육아'입니다.

특히 발달장애 아이의 경우 개성 있는 아이가 많다 보니, 부모가 생각하는 '평균적'이고 '상식적'인 육아 방식을 적용하면 마음대로 안 될 수 있습니다. 하지만 부모가 한 발 뒤로 물러서서 아이를 주인공으로 놓으면 훨씬 순조롭습니다. '이 아이는 어떤 특성이 있을까', '부모로서 어떻게 대해줘야 할까'로 접근한다면 많은 고민거리가 해소됩니다.

발달장애 아이는 그 아이의 특성에 맞는 대응이 이루어질 때 편안하게 생활할 수 있기 때문입니다.

이 책을 통해 발달장애 특성이 있는 아이를 더 잘 이해할 수 있을 것입니다. 발달장애 특성이 있는 아이에게 그 아이에 맞는 칭찬이나 꾸중, 접촉 방식으로 대응할 수 있을 것입니다.

또 이 책은 발달장애 진단을 받은 아이뿐 아니라, 이에 해당하지 않는 아이에게도 도움이 됩니다. 진단을 받지는 않았지만, 발달장애의 특성이 있는 경우에는 비슷한 대응 방식이 유효하기 때문입니다. '전문의의 진단 여부'에 너무 집착하지 말고, '이 아이는 어떤 아이인지' 생각하면서 대응하는 것이 좋습니다.

발달장애 진단도 받지도 않았고 발달장애의 특성이 있는지도 파악이 잘 안되지만, '내 아이도 이렇지'라고 책의 내용에 공감한다면 생활에 적용해보시기 바랍니다. 많은 고민이 해결될 수 있습니다.

발달장애 아이에게는 자신을 이해해주는 어른이 필요합니다.

어른이 아이를 이해하고 그 아이에 맞추어 양육해준다면 등교 거부나 신체 증상, 우울이나 불안 등과 같은 2차 장애로 인한 고통을 줄일 수 있습니다. 그런 의미에서 이 책이 여러분에게 2차 장애의 예방과 개선에 도움이 되기를 바랍니다.

이 책은 부모뿐 아니라 어린이집·유치원이나 학교 교사, 치료실 스태프, 의료·복지 기관 관계자 등 발달장애 아이와 접촉하는 모든 분에게 권합니다.

모든 어른이 발달장애 아이를 이해해 아이들이 행복한 일상을 살아가길 바랍니다.

차례

1장
발달장애 아이 키울 때 생각해야 할 8가지

2장

발달장애를 제대로 이해하려면

3장
발달장애 아이에겐 칭찬·꾸중도 달라야 한다

4장
발달장애 아이로 산다는 것 - 상황별 포인트

● 전편 : 생활 스킬 편

● 후편 : 대인 관계·공부·학교 편

5장
아이가 행복해지는 발달장애 육아법

1장

발달장애 아이 키울 때 생각해야 할 8가지

이 책에는 다양한 유형의 아이가 등장한다

어른은 발달장애 아이에게 어떻게 대응하면 좋을까요? 어떻게 하면 아이가 잘 자랄 수 있을까요?

쉽게 답을 찾을 수는 없겠지만, 이 책에서 다양한 상황을 예로 들면서 대응 방법을 해설해드리겠습니다. 그 해설에서 육아의 힌트를 찾으시기 바랍니다.

다양한 사례를 해설하기 전에 우선 한 가지만 여러분에게 드리고 싶은 말씀이 있습니다. 그것은 이 책의 해설이 여러분의 자녀에게 꼭 해당되지 않을 수도 있다는 점입니다.

발달장애 아이의 특성은 다양합니다. 아주 조용한 아이가 있는 반면에, 매우 활발한 아이도 있습니다. 조용한 아이에 대한 대응법이 활발한 아이에게는 적합하지 않을 수도 있습니다. 이 책에는 다양한 유형의 아이 이야기가 등장합니다. 여러분의 자녀에게 해당하는 이야기도 있겠지만, 적용되지 않는 이야기도 있을 것입니다.

'우리 아이는 어떨까?' 생각해보자

이 책을 읽을 때는 '우리 아이라면 어떨까?', '나라면 어떻게 대처할까?' 생각하면서 읽어봅시다.

많이 어려울 수도 있지만, 나의 일이라는 생각으로 읽다 보면 '우리 아이에게도 도움이 될 것 같아', '육아법을 재고해볼 필요가 있겠어'라고 느껴지는 지점을 쉽게 찾을 수 있습니다. 여러분의 상황에 적용하면서 읽어보고, 시도해보시기 바랍니다.

그렇다고 해서 갑자기 실천에 옮기는 일이 쉽지는 않기 때문에 처음에는 조금씩 연습해봅시다. 자녀를 양육할 때 자주 겪는 고민을 질문 형식으로 정리해보았습니다. '혹시 여러분이 이런 상황에 직면한다면 어떻게 대응해야 할까요?' 같은 알아맞히기 형식입니다. 여러분의 자녀를 떠올리며 '우리 아이라면', '나라면' 상상하면서 답을 골라봅니다.

문제 다음에는 해설이 있습니다. 그 해설을 읽고 '우리 아이에게도 해당되는데'라고 느껴진다면, 그 내용을 생활에서 적용해봅니다. 만약 정답이 자신의 아이에게 맞지 않는다고 생각한다면, 참고만 합니다. 제시된 해설을 살펴보면서 참고할 만한 아이디어를 선택해봅시다.

Q1 작은 딸기를 따버린 아이, 어떻게 말해야 할까?

어느 날 2세 아이가 집 베란다 화단에서 아직 파란 딸기 열매를 따버렸습니다. 아이는 양손에 든 딸기를 가리키며 "이건 크고, 저건 작아요" 하고 말했습니다. 아이가 처음으로 '크기의 차이'를 알게 된 순간이었습니다. 딸기를 함부로 따버린 것은 당황스러웠지만, '크고 작음의 차이'를 깨닫게 되었다는 걸 부모에게 알려준 것은 기쁜 일이었습니다.

그렇다면 이때 부모는 아이에게 무슨 말을 어떻게 해줘야 할까요?

A1 '딸기를 함부로 딴 행위'를 꾸짖는다

A2 '크기의 차이를 깨우친 점'을 칭찬한다

A3 '크기의 차이를 깨우친 점'을 칭찬하고 나서, '딸기를 함부로 딴 행위'를 꾸짖는다

해설

권장하는 대응법을 3이라고 생각하는 사람이 많을 수도 있습니다. 칭찬할 것은 칭찬하고, 꾸짖을 것은 꾸짖는 방법이지요.

1은 '꾸짖기'만 하는 대응입니다. 이런 경우 아이는 모처럼 크기의 차이에 대해 깨닫고도 그 기쁨을 부모와 공유하지 못합니다.

제가 추천하는 대응법은 2입니다.

3은 '칭찬·꾸중'이 모두 포함되어 있지만, 아이는 한 번에 복수의 감정을 전달받으면 혼란스러울 수 있습니다.

특히 발달장애 아이의 경우, 정보 처리가 잘 안되는 아이가 있기 때문에 주의가 필요합니다. 발달장애 아이는 3과 같은 이야기를 들었을 때, 주로 칭찬만 잘 기억하는 경우가 있습니다. 부모로서는 '칭찬·꾸중'을 모두 했다고 생각하지만, 아이는 그 정보를 충분히 처리하지 못하고 '칭찬받았다!'고만 이해하는 경우도 있습니다.

발달장애에는 몇 가지 유형이 있는데, '자폐범주성장애'(42페이지) 아이의 경우, 그런 일이 있고 나서 행동을 패턴화하는 경우가 있습니다. 칭찬받는 게 좋아서 습관적으로 딸기를 따버리는 경우도 있습니다.

칭찬을 해줘야 할지 꾸짖어야 할지 고민이 될 때는 잘한 부분만 칭찬

갓 달린 작은 딸기 열매를 마구 따버리는 아이

하고 끝내는 것이 좋습니다. 따라서 바람직한 대응법은 2입니다.

좋은 점(크기의 차이를 깨우친 것)은 가볍게 칭찬합니다. 딸기를 가리키면서 '진짜 크구나', '이건 작네'라는 정도의 이야기를 나누는 것이 좋습니다. 이렇게만 해도 아이는 부모와 기쁨을 공유할 수 있습니다.

그리고 나쁜 점(딸기를 함부로 따버린 행위)에 대해서는 아무 말도 하지 않습니다. **나쁜 점을 일일이 꾸짖기보다는, 환경을 바꿔주는 방법으로 대처합니다.** 예를 들면 딸기를 아이의 시야에 들어오지 않는 장소로 옮깁니다. 그렇게 하면 아이가 딸기를 함부로 따버리는 일은 일어나지 않습니다. 굳이 꾸짖지 않아도 문제를 자연스럽게 해결할 수 있습니다.

내 아이에게 해당된다면 적용해보자

이 사례는 어떤 유형의 아이든(발달장애의 특성 유무와 관계없이) 대부분 해당되는 기본적인 대응법이기 때문에 '그렇다면 한번 시도해볼까', '우리 아이에게도 써먹을 수 있겠어'라고 느끼는 분도 있을 것입니다.

이런 대응법은 발달장애 특성이 없는 아이에게도 효과가 있지만, 몇 가지 특성 때문에 정보 처리가 잘 안되는 아이의 경우에는 특히 유효합니다.

평소 자녀와의 관계에서 '주의를 주는데도 내 의도가 전달되지 않을 때가 많다'고 느껴진다면, **칭찬할 것이 있을 때는 '칭찬만 한다'는 대**

응법으로 바꿔보면, 상황이 개선될 수도 있습니다. 기회가 있을 때 시험해보시기 바랍니다.

다음도 아이의 행동을 저지해야 할 때의 질문입니다. 여러분이라면 어떻게 대응하시겠습니까?

Q2 전등 스위치를 계속 껐다 켰다 하는 아이, 어떻게 말해야 할까?

큰아이에게 난감한 버릇이 생겼습니다. 방의 전등 스위치를 껐다 켰다 하는 걸 너무 좋아합니다. 그러다 보니 어디를 가도 스위치를 함부로 건드립니다. 본인은 장난이라고 생각하는지, 주의를 주어도 히죽히죽 웃기만 합니다. 몇 번 혼도 내보았지만 고치려 하지 않습니다.

이런 경우, 아이에게 어떻게 말해야 좋을까요?

A1 스위치를 만지작거릴 때, 그 자리에서 바로 주의를 준다

A2 주의를 주면 관심을 끌었다고 생각할 테니 아무 말 없이 부모가 스위치를 바로 한다

A3 왜 만지면 안 되는지 부드럽게 설명한다

해설

이런 경우에는 아이의 유형에 따라 권장하는 대응법이 다릅니다.

어른들은 대부분 1처럼 '함부로 스위치를 켜면 안 돼!' 하고 주의를

주지 않을까요. 그렇게 적당한 타이밍에 꾸중을 들으면 행동을 바로잡는 아이도 있습니다. 한 번만 혼내도 고쳐지는 아이라면, 그 자리에서 주의를 주는 것이 좋겠지요.

다만 한 번 혼이 나도 반복한다면, 이 대응법은 피하는 것이 나을 수 있습니다.

또 아이가 부모의 반응을 재미있어하는 경우도 있습니다. 그런 경우에는 주의를 주면 줄수록 장난으로 정착할 가능성도 있습니다. 이것은 일반적인 아이에게도 볼 수 있는 행동인데요, 발달장애 아이면서 고집이 센 유형의 경우에도 간혹 보입니다. 주의를 주어도 아이가 웃고 있다면 2와 같이 반응을 자제하면서 부모가 문제를 해결해버리는 것도 한 가지 방법입니다. 재미가 없어지면 더는 집착하지 않을 수도 있습니다.

말로 하는 설명을 이해하는 아이의 경우 3과 같은 방법으로, 스위치를 가지고 놀아서는 안 되는 이유를 잘 설명해주면 납득하고 행동을 고쳐보려는 아이도 있습니다. 발달장애 아이면서 규칙을 중요하게 여기는 유형에는 이런 대응법이 유효한 경우가 있습니다.

당신의 자녀는 1~3 중 어떤 유형에 가까운가요? 이처럼 유형이 나뉘는 예를 토대로 '우리 아이는 어떨까?' 생각해보면, 아이에 대한 이해가 깊어집니다. 자녀의 유형을 떠올리면서 생각해봅시다.

방의 전등 스위치로 장난치기 좋아하는 아이

Q3 자꾸만 돌을 주워 모으는 아이, 어떻게 말해야 할까?

초등학생 아이가 공원에서 돌멩이를 몇 개 주워 왔습니다. 그 아이는 돌이 좋아서 다양한 모양의 돌을 모으고 있습니다. 이번에는 재미있는 모양의 돌을 발견했다며 신이 났습니다.

여러분이라면 어떤 말을 건넬 수 있을까요?

A1 '재미있는 돌을 발견했구나'라고 가볍게 말한다

A2 '어떤 돌을 좋아하니?'라고 물어본다

A3 '우아~' 하고 나서, 아이의 이야기를 듣는다

해설

'재미있는 돌을 발견했구나' 하고, 아이의 우쭐한 기분을 더 부추길까요.

'어떤 돌을 좋아하니?'라고 물으며, 아이의 이야기를 끌어낼까요.

아니면 아이가 자발적으로 이야기를 하게 하는 것이 정답일까요.

사실은 3가지 모두 권장할 만한 대응법입니다.

1, 2, 3 모두 아이에게 말을 걸기에 적확한 방법입니다. 아이가 관심을 보이는 것, 하고자 하는 것을 존중해줍니다. 아이의 이야기를 들으려고 하는 것도 좋은 대응법입니다.

아이는 자신이 좋아하는 것, 잘하는 것을 칭찬받았을 때 가장 자신감이 붙습니다. 아이가 '좋다', '해냈다', '기쁘다'와 같은 긍정적인 생

각에 잠겨 있을 때, 그 마음에 공감하는 말을 슬쩍 건넵니다. 그러면 아이는 자신이 하고자 하는 것을 인정받았다고 느낍니다.

부모나 교사는 아이가 뭔가 대단한 것을 이루어냈을 때 칭찬해야 한다고 생각하기 쉽지만, 사실은 이런 예시처럼 **아이 본인이 살짝 우쭐해 있을 때 가볍게 말을 건네주듯 칭찬하는 방법이 아이의 자신감이나 기쁨으로 이어지기 쉬운 법**입니다.

아이가 좀처럼 기대에 따라주지 못하고, 오히려 문제를 일으키는 일이 많을 경우, 부모로서는 '어떤 부분을 칭찬해주어야 좋을지' 고민할 수 있습니다. 그런 마음이 이해는 되지만, 특별하게 잘한 일이 없더라도 아이를 칭찬할 수는 있습니다. 칭찬해줄 지점을 찾기가 어렵다면 부모의 시선을 기준으로 '잘해낸 점'을 찾을 것이 아니라, **아이 본인이 나름대로 '해냈다'고 느낄 법한 지점을 찾아봅니다.**

발달장애 아이의 경우 특이한 것에 관심을 보이는 경우가 있습니다. 이번 예시는 '재미있는 모양의 돌'이지만, 이 예시를 보면서 '우리 아이는 돌이 아니고 ○○였지'와 같은 생각이 떠오르는 사람도 있지 않을까요.

아이의 특이한 취미를 보면서 부모가 '왜 이런 데 집착을 하는 걸까?'라는 생각이 들 수도 있지만, 본인이 눈을 반짝이며 하는 말이라면 이 예시처럼 슬쩍 공감해주고 말을 걸어주세요. 그런 한마디가 아이에게 자신감을 주고, 다른 활동에 대한 의욕도 끌어냅니다.

Q4 자꾸 물건을 잃어버리는 아이, 어떻게 대응해야 할까?

역시 초등학생의 사례입니다. 준비물을 자꾸 까먹어서 학교에서도 내내 선생님에게 지적받는 아이가 있습니다. 본인도 주의하려는 마음이 있고, 가정에서도 부모에게 준비물 확인 방법을 반복해서 배우고 있지만 결국 또다시 깜빡하고 맙니다.

이런 아이에게 여러분은 어떻게 대응하시겠습니까?

A1 준비물을 잘 챙긴 날에 칭찬을 많이 해준다

A2 준비물을 잊어버릴 때마다 그때그때 주의를 준다

A3 칭찬하다 혼내다 하지 않고, 준비물 확인을 도와준다

해설

부모나 교사가 세심하게 주의를 주고 본인도 나름대로 조심하고 있지만, 그런데도 깜빡하는 일이 줄지 않을 때는 부모, 아이, 교사가 모두 충분히 잘 대응하는 것으로 생각해도 좋습니다.

발달장애 아이이며 '주의력결핍 과잉행동장애'(43페이지) 특성이 있는 아이에게는 이런 사례가 자주 보입니다. 방심하는 것이 아니라, 본인 나름대로 애를 쓰는데도 '부주의' 특성 때문에 무심코 실수하는 경우가 있습니다.

아이가 충분히 노력하고 애를 쓰는데도 잘되지 않는 일에 대해서는 3처럼 부모나 교사가 도와주는 것도 하나의 방법입니다. 실수하는 횟수

가 줄면 마음이 안정된 상태에서 본인 나름대로 다양한 대처 방안을 생각해낼 수도 있습니다.

1과 같이 '잘 챙겼을 때 칭찬한다'는 방법도 나쁘지 않은 대응입니다. 하지만 **'저번에 잘했으니 또 잘하겠지'라는 생각에 기대치를 너무 높이면, 아이를 힘들게 할 수 있습니다.** '가끔 잘하는 정도'라고 생각하고, '오, 잘했어' 하며 가볍게 응원해주는 정도가 좋습니다.

또 이런 경우에는 준비물을 잊더라도 본인은 그다지 개의치 않을 수도 있습니다. 그런데 **부모나 교사가 2와 같이 자꾸 꾸짖으면 본인도 실수에 신경 쓰게 되고 쉽게 침울해질 수 있습니다.** 부주의 특성을 가진 아이는 꾸짖음과 상관없이 자기도 모르게 실수하는 일이 있습니다. 반복적으로 꾸짖는 것은 삼가도록 합니다.

이 예시처럼 칭찬과 꾸중이 모두 아이에게 압박을 주기도 합니다. **그냥 말없이 도와주는 대응법도 선택지의 하나**로 기억해두기 바랍니다.

적절한 칭찬법·꾸중법은 아이에 따라 다르다

지금까지 4가지 질문을 통해 '아이에게 어떻게 말해야 할까'에 대해 생각해보았습니다. 칭찬과 꾸중에도 다양한 방법이 있지만, 어떤 아이에게는 적합한 대응법이 또 다른 아이에게는 맞지 않을 수도 있습니다.

'이 아이라면 어떨까?' 생각해보고, 그 아이에게 맞는 대응법을 찾는 것이 중요합니다. 제시된 해설을 힌트 삼아 자녀에게 알맞은 방법을 찾으시기 바랍니다.

칭찬법과 꾸중법에 대해서는 3장에 다시 상세히 설명하고 있으니, 아이에게 어떻게 말을 건네면 좋을지 고민하는 분은 그 부분도 꼭 읽어보시기 바랍니다.

서툴고 힘들어하는 부분은 어떻게 가르쳐야 할까?

발달장애 아이는 대인 관계에 서툴기도 하고, 정리 정돈이 어설프기도 합니다. 서툰 분야는 아이마다 다르지만, 자주 거론되는 문제가 '친구 사귀기', '유치원, 학교에서의 단체 행동', '학습' 등에 관한 고민일 것입니다. 어쩌면 이 책을 보고 계신 분 중에도 대인 관계에 어려움을 겪는 아이에게 친구 사귀기를 어떻게 가르쳐야 좋을지 고민하는 분이 있지 않을까 생각합니다.

지금부터 앞에 제시된 '말 건네는 법'의 예시에 이어, 아이에게 '문제가 되는 부분을 어떻게 가르칠 것인지'에 대한 예시를 들어보도록 하겠습니다.

앞선 질문 형식과 마찬가지로 '이런 상황이라면 어떻게 대응하시겠습니까?'라고 묻겠습니다. '우리 아이라면', '나라면' 어떻게 해볼지 생각하면서 답을 고른 후 해설을 읽어보시기 바랍니다.

Q5 집단 놀이에 끼지 않으려는 아이, 어떻게 해야 할까?

유치원에서 늘 혼자 노는 아이가 있습니다. 다 함께 마당에 나가서 놀 때 다른 아이는 자연스럽게 모여서 공놀이를 시작하지만, 그 아이는 혼자서 곤충을 찾거나 나뭇잎을 모읍니다. 다른 친구나 선생님이 함께 하자고 해도 집단 놀이에 끼려고 하지 않습니다.

그런 아이에게는 어떻게 해야 좋을까요?

A1 전원 참가형 놀이를 만들어서 같이 놀자고 한다

A2 아이의 관심을 끌 만한 다양한 놀이로 유도해본다

A3 혼자 놀고 싶은 마음을 존중한다

해설

부모나 교사는 혼자 놀고 있는 아이를 보면, '왜 친구랑 잘 어울리지 못할까?', '어떻게 하면 사이좋게 잘 어울려 놀 수 있을까' 고민하기 마련입니다. 하지만 '즐겁게 노는 것'과 '사이가 좋은 것'은 구별해서 생각해야 합니다.

놀이의 목적은 '즐거움'입니다. '친해지기 위해서'가 아닙니다. 즐겁게 놀다 보면 마음이 맞는 친구와 사이가 좋아지기도 하지만, 그것은 어디까지나 결과입니다. 처음부터 친해지기 위해 함께 노는 것이 아닙니다.

놀이를 할 때는 아이의 '즐거움'이 중요합니다. 따라서 정답은 3입

니다. 아이가 혼자서 곤충을 찾고 싶어 한다면 그 마음을 존중해주시기 바랍니다.

다만 2와 같은 대응도 절대 나쁘지는 않습니다. 다양한 놀이로 이끌다 보면 아이가 관심을 보일 때도 있을 것입니다. 그렇게 놀이의 폭이 넓어지기도 합니다. 무리하게 시키는 건 좋지 않지만, '한번 해볼래?' 하고 물어봐주는 것도 좋다고 생각합니다.

1의 전원 참가형도 기회를 만든다는 의도 자체는 좋지만, 강제하지 않도록 주의합니다.

특히 발달장애가 있어서 대인 관계에 어려움이 있는 아이의 경우, 아이의 '즐거움'보다 '사이좋게'라는 목적이 선행된다면, 자신의 페이스로 놀지 못하고 스트레스를 받는 경우도 있습니다. 그렇게 되면 대인 관계가 더 어려워질 수도 있습니다. 반대로 '사이좋게'보다 '즐거움'을 우선한다면 즐겁게 노는 사이에 대인 관계가 확장될 수도 있습니다.

Q6 옷 입기를 힘들어하는 아이, 어떻게 해야 할까?

손끝이 야무지지 못해서 옷 입기에 서툰 아이가 있습니다. 스스로 옷을 갈아입으려면 시간이 많이 걸리기 때문에 늘 부모의 도움을 받고 있습니다. 그런데 서툴다는 이유로 언제까지나 도움을 받아도 되는 걸까요?

여러분이라면 어떻게 예측하고 대응하시겠습니까?

A1 '일정한 나이가 되면 스스로 하게 한다'고 정하고, 그때까지는 도와준다

A2 본인이 '스스로 한다'고 말할 때까지는 몇 살이 되든 도와준다

A3 다양한 방법으로 스스로 해보게 하고, 도움을 청하면 도와준다

해설

권장하는 대응법은 3입니다.

아이가 잘하지 못하는 부분을 돕는 건 바람직한 대응이라는 생각이 전제되어야 합니다.

하지만 1과 같이 부모가 마음대로 어느 날 갑자기 도움을 중단해버리면 아이에게 부담이 됩니다. 아직 잘해내지 못하는 아이를 방치하게 될 수도 있습니다.

2처럼 아이의 마음이 바뀌기를 기다리기도 쉽지는 않습니다. 기다리는 사이에 아이가 '옷 입기는 도움을 받는 게 당연해'라고 생각할 수 있습니다.

저는 3처럼 **옷의 크기나 형태, 입는 장소, 입는 방법에 변화를 주면서, 아이가 쉽게 할 수 있는 방법을 함께 찾아가기**를 추천합니다.

옷 입기가 수월해지지 않는 데는 뭔가 이유가 있습니다. 발달장애아이 중에는 손이 무뎌서 단추를 채우는 동작에 익숙해지지 않는 아이도 있고, 까슬한 감촉의 의류를 감각적으로 불편해하는 아이도 있습니다. 옷 입는 순서를 이해하지 못해 시간이 걸리는 아이도 있을 것입니다.

다양한 방법으로 옷 입기를 해보면 아이가 어려워하는 이유를 알게 되고, 본인이 어려움 없이 옷 입는 방법을 찾을 수 있습니다. 그러다

보면 아이도 자신감이 생겨서 '스스로 한다'고 말하게 되는 경우도 있습니다. 다양하게 시도해보면서 차근히 대응하도록 합니다.

또 1이나 2의 대응법으로 순탄하게 해결되는 경우도 있는데, 그것은 아이의 성장 타이밍이 운 좋게 부모의 기대 타이밍과 일치한 경우입니다. 1이나 2는 운에 따라 달라지는 일이 많으니 주의를 바랍니다.

Q7 혼자 급식을 먼저 먹어버리는 아이, 어떻게 해야 할까?

초등학생 아이의 예시입니다. 이 아이는 학교 급식 시간에 혼자만 먼저 밥을 먹어버립니다. 선생님이 "모두가 급식을 다 받고 난 후에 다 함께 '잘 먹겠습니다'라고 말한 뒤에 먹기 시작하는 거예요"라고 주의를 주었지만, 본인의 급식을 받으면 무심결에 손이 먼저 나갑니다.

아무리 주의를 주어도 규칙을 지키지 못하는 아이에게 어떻게 대응하면 좋을까요?

A1 일러스트나 사진으로 순서표를 만들어 보여주면서 가르친다

A2 규칙을 기억할 수 있도록 같은 것을 반복해서 가르친다

A3 다른 장소에서 대기하게 하고, 급식 준비가 끝나면 부른다

해설

추천하는 대응법은 1과 3입니다.

말로 누차 지적을 하는데도 전달되지 않는 경우, 1처럼 방법을 바꾸었을 때 의외로 잘 수긍하는 경우가 있습니다. 발달장애 아이 중에는

말보다는 글이나 일러스트, 사진 같은 것을 더 잘 이해하는 아이가 있습니다. 또 암묵적 양해는 잘 헤아리지 못하지만 꼼꼼한 설명은 그런대로 이해하는 아이도 있으니, 다양한 방법으로 시도해보시기 바랍니다.

2와 같이 될 때까지 차분히 대응하는 것도 좋습니다. 하지만 말을 잘 알아듣지 못하는 아이, 듣고 기억하더라도 시간이 지나면 잊어버리는 아이도 있으니, 몇 번 시도해보고 어렵다고 판단되는 경우에는 방법을 바꿔주는 것이 좋습니다.

3은 언뜻 보면, 가르치는 행위를 포기한 대응법으로 보일 수도 있지만, 이것도 하나의 정답입니다. 배운 것을 금방 잊어버리는 아이도 있고, 좋아하는 음식이 눈앞에 있으면 충동을 억제하지 못하고 손을 뻗는 아이도 있습니다. 그런 아이들은 환경을 바꿔주는 것도 좋은 대응법입니다.

발달장애 아이는 다양한 어려움이나 불편을 겪기 때문에 발달장애라는 진단을 받습니다. 아이에게 규칙이 잘 전달되지 않을 때는 **'이 아이에게 어려운 점은 무엇일까', '어떤 방법이 이해하기 쉬울까'를 생각하는 것이 중요**합니다. 그 결과 **말이나 글로 하는 전달 방식이 아니라 환경을 바꿔주는 것도 하나의 해결책**이 되는 것입니다.

'환경을 바꾼다'는 의미에서, 저는 '다 함께 똑같이 먹기 시작한다'는 규칙 자체를 바꿔도 좋지 않을까 생각합니다.

Q8 공부가 힘들고 숙제에 시간이 걸리는 아이, 해결책은?

공부가 힘들고 숙제에 상당한 시간이 걸리는 아이도 있습니다. 부모나 교사로부터 많은 도움을 받는데도 제대로 수행하지 못하고, 연필을 쥐는 것조차 싫어하는 아이도 있습니다. 아이도 스트레스를 받고, 부모나 교사도 짜증이 나는 악순환에 빠지기 쉬운데요, 해결책이 있을까요?

A1 부모도 지치므로 관여하지 않고, 본인의 페이스를 지켜본다

A2 숙제가 너무 어려우니 부모가 도와준다

A3 숙제가 너무 많으니 부모가 교사에게 '줄여달라'고 부탁한다

해설

권장하는 대응법은 3입니다.

이런 경우, 아이에게는 전혀 잘못이 없습니다. 문제는 숙제를 정하는 방법에 있습니다.

숙제를 적절한 양과 난이도로 내주었다면 아이는 30분도 안 걸려 해치웠을 것입니다. 숙제하는 데 너무 많은 시간이 걸리고, 연필을 쥐기도 싫어한다는 것은 숙제의 설정이 잘못된 것입니다. 3과 같은 형태로 교사에게 숙제를 줄여달라고 하거나, 그게 어렵다면 부모가 숙제의 양을 조절해주도록 합니다.

저는 예전부터 아동이나 학생 전원에게 숙제를 똑같이 내는 것은 의미가 없다고 생각해왔습니다. 공부가 즐거운 아이는 숙제가 없어도 스

스로 공부합니다. 공부가 싫은 아이는 숙제가 부담스러워서 공부가 더 싫어집니다. 숙제가 아이에게 도움이 되는 일은 없습니다. **숙제는 백해무익합니다.** 저는 그렇게 생각합니다.

1처럼 관여를 중단하는 것도 좋지만, 부모의 참견이 줄어도 숙제가 여전히 많다면 본인이 괴롭기는 마찬가지이므로 적절한 대응이라고는 할 수 없습니다.

2와 같은 대응도 응급처치는 되겠지만, 학교 선생님과 만나서 이야기할 기회를 가져야 합니다. 본래 숙제의 설정 자체에 문제가 있으므로, 교사에게 대응법을 바꿔달라고 해야 합니다.

왜 이 질문의 정답에는 극단적인 대응법이 많을까?

퀴즈 형식의 해설은 여기까지입니다.

질문과 해설에는 '칭찬만 하고 꾸짖지 않는다', '칭찬도 꾸중도 하지 않는다'와 같은 다소 의아한 대응도 포함되어 있습니다. 또 '자꾸 급식에 먼저 손을 대는 아이는 별도의 장소에서 대기시킨다', '숙제를 싫어하면 양을 줄여준다'처럼 약간은 극단적인 대응법도 소개했습니다.

이 해설을 읽고 '그렇게까지 극단적으로 해야 하나?'라는 의문이 드는 분도 있겠지요.

이런 대응법의 근저에는 **'아이를 주인공으로 보자'는 생각**이 있습니다. 저는 발달장애 임상의로 30년 이상 아이 중심의 진료를 해왔습니다. '이 아이는 어떤 아이일까', '어떻게 대응하면 무리 없이 잘 따라줄까'에 대해 줄곧 생각해왔습니다.

발달장애 아이에게는 다양한 특성이 있습니다. 대부분의 아이와 같은 방법으로 양육해서는 잘 안되는 일도 있습니다. 그럴 때 부모와 교사가 상식적인 방식이나 어른이 보기에 좋아 보이는 방식을 우선해서 아이에게 부담을 준다면, 그 아이는 아무리 시간이 흘러도 자기다운 방법을 찾을 수 없습니다. 그 때문에 고통받는 사람은 아이입니다.

발달장애 아이에게 가장 중요한 것은?

Q8에서 '숙제는 필요 없다'는 해설을 읽고 여러분은 어쩌면 '말은 그렇게 해도 공부는 확실히 시켜야 하지 않을까', '숙제로 학습 습관을 들이는 것도 중요한데'라고 생각할지도 모릅니다. 확실히 상식적으로는 맞는 생각입니다. '옷 입기나 식사 예절 같은 건 나중에 배워도 되지만, 공부는 때를 놓치면 장래에 영향을 미치니까'라고 생각하는 사람도 있을 테니까요.

하지만 저는 그런 말을 들을 때마다 '일상생활법도 모르는데, 공부를 가르친다는 건 100년쯤 앞서가는 것!'이라는 생각이 듭니다.

아이에게 가장 중요한 것은 기본적인 생활 습관입니다. 발달장애 아이의 경우 생활 습관은 특히 중요합니다. 옷 입기나 식사 등 기본적인 생활 습관이 몸에 배지 않는다면 그거야말로 장래에 영향을 미칩니다.

이 책 4장에서 생활 습관과 공부, 대인 관계에서의 상황별 대응 포인트를 해설하고 있는데요, 그중에서 제가 가장 중요하게 여기는 것이 기본적인 생활 습관에 관한 해설입니다. 4장을 읽으신다면 제가 왜 '100년 앞서가는 것!'이라는 강한 어조로, 일상생활 능력의 중요성을 호소하는지 이해하실 것입니다.

발달장애 아이의 긴 인생을 내다보고 잘 성장하도록 돕기 위해서는 우선 기본적인 생활 습관을 가르치는 것이 중요합니다.

1장에서는 질문을 통해 발달장애 아이의 양육법을 알려드렸습니다. 발달장애에 대한 생각을 우선 정리하면서 자세한 해설은 생략했지만, 이어지는 2장에서는 '아이의 발달장애란 무엇인지', '발달장애는 어떤 특성이 있는지'에 대해 설명하겠습니다.

2장에서 발달장애의 기본을 이해하고, 3장의 '칭찬법·꾸중법', 4장의 '상황별 포인트'를 계속 읽어주시기 바랍니다.

2장

발달장애를 제대로 이해하려면

‘발달장애’, 몇 가지 장애의 총칭

1장의 퀴즈와 해설 중 발달장애의 일종으로 ‘자폐범주성장애’, ‘주의력결핍 과잉행동장애’ 등에 대해 잠깐 설명해드렸습니다.

요즘은 미디어에서도 발달장애란 말이 자주 등장하기 때문에, 발달장애에 대해 이미 알고 있는 분들도 있겠지만, 여기에서 다시 ‘발달장애란 무엇인지’ 설명하겠습니다. 발달장애는 자폐범주성장애나 주의력결핍 과잉행동장애, 학습장애 등 몇 가지 장애를 통합하는 총칭입니다. 그리고 각각의 장애가 갖는 특성은 다음과 같습니다.

● **자폐범주성장애**(ASD : Autism Spectrum Disorder)

주요 특성은 ‘임기응변적 대인 관계가 서툴다’는 점과 ‘집착이 강하다’는 점입니다. 구체적으로는 분위기를 잘 파악하지 못하고 독특한 언어를 사용하며, 타인과의 관계 방식이 일방적이고 관심의 범위가 좁으며, 순서나 규칙에 집착하는 행동을 보입니다.

1장에서 ‘늘 혼자서 곤충을 찾으며, 같이 놀자고 해도 집단 놀이에 참여하지 않는다’(31페이지), ‘급식 시간에 암묵적으로 이해하지 못하고 혼자 먼저 먹는다’(34페이지)라는 예시가 있었습니다.

AS의 특성(ASD에서 ‘장애=Disorder’에 해당하는 ‘D’가 빠져 있습니다. 46페이지에서 후술)이 있는 아이에게도 비슷한 모습이 보이는 경우가 있습니다. 주변 사람과 어울리며 행동을 조절하는 능력이 부족해서 결과적으로 그 자리에서 겉도는 존재가 되고 맙니다.

또 1장에서 '파란 딸기를 따는 행동이 패턴화된다'(19페이지), '전기 스위치를 만지작거리는 데 집착하면서 버릇이 된다'(23페이지), '여러 가지 모양의 돌을 주워 모은다'(26페이지)라는 예시도 있었는데요, 그런 모습도 자폐범주성장애의 특성이 있는 아이에게 자주 보이는 행동입니다. 이런 특성이 있는 아이는 **특정 물건이나 순서 등에 강한 집착을 보이는** 경우가 있습니다.

● 주의력결핍 과잉행동장애(ADHD : Attention-Deficit / Hyperactivity Disorder)

주요 특성은 '부주의'와 '다동성·충동성'입니다. 구체적으로는 무심코 하는 실수가 잦고, 물건을 자주 잃어버리고, 산만하고, 진득하게 앉아 있지 못하고, 떠오르는 대로 말하는 행동을 보입니다.

1장에 '무심코 하는 실수가 잦고, 물건을 잘 잃어버린다'(28페이지)와 같은 예시가 있었습니다. **ADH의 특성**(여기에도 '장애=Disorder'의 'D'가 빠져 있습니다. 46페이지에서 후술)이 있는 아이는 이 예시처럼 아무리 조심해도 실수가 줄지 않는 경우가 있습니다. 그런 아이는 **'부주의' 특성이 있는 아이**입니다.

그 밖에 '급식이 눈앞에 있으면 충동을 억제하지 못하고 손이 먼저 나가는'(34페이지) 예시도 소개했습니다. 특히 **'다동성·충동성'이 있는 아이**에게서 그런 모습이 보이는 경우가 있습니다.

'발달장애'의 대략적 분류

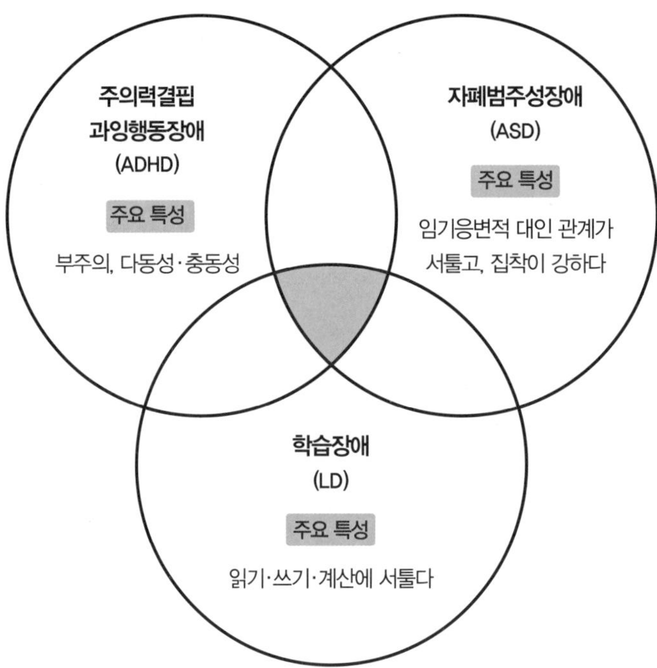

※ 이 밖에도 지적 능력이나 운동, 틱, 커뮤니케이션 등에 장애가 있습니다. 이들 복수의 장애 특성이 '중복'되어 나타나는 경우도 종종 있습니다.

● **학습장애**(LD : Learning Disability)

주요 특성은 '읽기·쓰기·계산에 서툴다'는 점이며, 이 중 한 가지만 서툰 아이도 있고, 둘 이상 서툰 아이도 있습니다.

1장에 '공부가 힘들고 숙제에 시간이 걸린다'(36페이지)는 예시가 있었는데, 이런 아이 중에는 학습장애가 있는 아이도 있습니다. 학습장애가 있는 경우, 일반적인 방법으로 읽고 쓰거나 계산을 학습하면 학력 향상이 어려울 가능성이 있습니다. 그런 경우에는 **컴퓨터나 태블릿을 이용해 읽기나 쓰기가 용이한 환경을 만들어주는, 개별적인 배려가 필요**합니다.

발달장애에는 '중복'과 '강약'이 있다

'자폐범주성장애'나 '주의력결핍 과잉행동장애'의 특성이 단독으로 보이는 경우도 있지만, 복수의 장애 특성이 '중복'되어 나타나는 경우도 있습니다.

또 특성에는 '강약'도 있습니다. 예를 들면 부주의 특성이 있는 사람 중에는 무심코 하게 되는 실수가 너무 많은 사람도 있지만, 실수가 조금 많은 정도의 사람도 있습니다.

의학적으로는 이러한 특성이 있고, 환경이나 인간관계에서 다양한 사실과 현상의 균형을 유지하는 데 지장이 있는 경우를 발달장애라고 진단합니다.

'생활상 지장이 있는 경우'라는 조건이 있다는 것만 보아도 알 수 있듯이, 발달장애의 특성이 반드시 고충이나 문제로 이어지는 것은 아닙니다. 특성은 있지만 생활에 특별한 지장이 없는 케이스도 있습니다. 그것은 환경이나 인간관계에 따라 달라지기도 합니다.

1장에도 '옷 입기를 힘들어한다', '물건을 잘 잃어버린다', '공부가 힘들다'는 예시가 있었지만, 그런 고충이 '생활상 지장'을 주고 있는가는 사람이나 경우에 따라 다릅니다.

'부주의' 특성이 강해서 물건을 잃어버릴 때가 극단적으로 많고, 아이 본인도 고충으로 여기는 경우도 있지만, 마찬가지로 물건을 자주 잃어버려도 생활상 불편을 느끼지 않는 경우도 있습니다. 또 '부주의' 특성은 있지만, 눈에 띌 만큼 자주 물건을 잃어버리지 않는 경우도 있습니다.

특성이 꼭 '장애'가 되는 건 아니다

앞 문장에서 저는 발달장애의 특성을 'AS 특성', 'ADH 특성'이라고 적었습니다.

ASD나 ADHD의 마지막 'D'는 장애를 의미하는 영어, Disorder의 머리글자입니다. 저는 발달장애 특성이 반드시 생활면에서 장애가 되지는 않는다고 생각하기 때문에, 특성을 표현할 때는 'D=장애'를 제외하고 'AS', 'ADH'라고 쓰고 있습니다.

'AS=자폐 스펙트럼(범주성)'의 특성이 있다고 해서 그것이 반드시 생활하는 데 장애가 되는 건 아니라는 생각에 'D'를 뺀 것입니다.

그러나 진단명을 기재할 때는 'ASD', 'ADHD'라고 적습니다.

사소하게 들릴 수도 있지만, 특성이 반드시 '장애'가 되지는 않는다는 인식은 매우 중요하다고 생각합니다. 이 책에서 언급하는 'AS', 'ADH' 같은 약간 변용된 용어와도 가까워지기 바랍니다.

질병이라기보다는 '소수자 종족'

저는 발달장애를 '발달에 특성이 있어서, 그로 인해 생활에 지장이 있는 상태'라고 생각합니다. 따라서 그들은 '소수자 종족' 같은 부류가 아닐까 생각합니다.

발달장애의 특성이나 '중복', '강약'에 대해서는《발달장애 : 삶이 힘든 소수자 '종족'》에 해설되어 있으니, 특성이나 '소수자'라는 사고방식에 대해 더 자세히 알고 싶은 분은 이 책도 참고해주시기 바랍니다.

이 책은 '아이 육아법'으로 육아 방식에 대한 해설을 중심으로 엮었습니다.

미디어에 등장하는 발달장애의 위화감

이번 장의 첫머리에 요즘 미디어가 발달장애를 언급하는 일이 늘었다고 적었습니다. 그에 따라 발달장애에 대한 이해가 넓어지는 점은 좋지만, 미디어에서 다루는 '발달장애'를 보면 위화감이 들곤 합니다. 왜냐하면 미디어에서 다루어지는 발달장애에는 '2차 장애'를 동반하는 케이스가 많아 보이기 때문입니다.

2차 장애란, 발달장애로 인해 생기는 고충에서 비롯되는 등교 거부, 은둔형 외톨이, 신체 증상, 우울, 불안과 같은 2차적인 문제를 말합니다.

미디어에서는 발달장애인이 회사에서 '불편한 사람'이 되고 있다는 이야기를 소개하고 있습니다. 업무를 잘 처리하지 못하거나, 직장에서 인간관계가 매끄럽지 않아 겉돌면서 본인도 힘들어한다는 사례입니다. 이런 케이스에는 발달장애에서 복잡한 문제가 파생해 이미 2차 장애가 동반되는 일이 많습니다.

발달장애를 잘 이해하려면 발달장애의 특성과 이렇게 나타나는 2차 장애를 분리해서 생각할 필요가 있습니다.

전문의가 30년간 보아온 '순수한 발달장애'

발달장애인 중에는 2차 장애가 없는 사람, 즉 '순수한 발달장애'만 가진 사람도 있습니다. 저는 도쿄와 요코하마, 야마나시, 나가노 지역에서

30년 이상 발달장애 전문의로 많은 아이와 어른을 유아기부터 수십 년간 만나왔습니다. 제가 만나온 분 중에는 발달장애의 특성은 있지만 2차 장애가 없는 '순수한 발달장애'만 가진 사람도 많았는데요, 그런 사람들은 나름대로 즐겁게 생활하고 있습니다.

어쩌면 발달장애인을 오랫동안 보아온 전문의나 봉사자 중에는 비교적 순조롭게 살고 있는 당사자를 몇 명쯤은 알고 있을 것입니다. 당사자를 돌보는 가족 중에도 2차 장애 없이 '순수한 발달장애'만 있다면 안정적으로 살아갈 수 있다는 인식을 가진 사람도 있을 것입니다.

비교적 생활이 순조로운 발달장애 당사자가 있음에도 불구하고 왜 미디어에는 잘 등장하지 않을까요. 그것은 생활이 순조로운 경우에는 본인이나 가족 혹은 관계자가 그 사실을 구태여 사람들에게 알리고 싶어 하지 않기 때문입니다. 그런 점이 미디어에서 복잡한 케이스가 더 자주 거론되는 배경이 되는지도 모릅니다.

발달장애를 정말로 '장애'라고 할 수 있을까?

발달장애인이 꼭 '불편한 사람'은 아닙니다. 비교적 순조롭게 살아가는 사람도 있습니다. 그렇게 생각하면, 발달장애가 '장애'라고 불릴 만큼 심각한 상태는 아니라고 느낄 수도 있습니다.

실제로 발달장애의 특성 때문에 발생하는 불편은 다양한 대응으로 줄일 수 있습니다. 본인이 자신의 특성을 이해하고 대안을 모색한다거나 주변 사람의 도움을 받아 환경을 바꿔보는 등 여러 대응법이 있습니다.

하지만 그렇게 대처해서 불편이 줄어든다고 해도, 특성 자체가 사라지는 것은 아닙니다. 본인의 고통이 없어지는 것은 아니라는 거지요.

발달장애 아이의 특성에 맞게 적절히 대응한다면, 비교적 안정적으로 살아갈 수도 있지만, 학년이 올라가거나 활동 내용이나 환경, 인간관계 등이 바뀌면 다시 불편에 직면하기도 합니다. 그때마다 본인의 고통을 이해하고, 대응 방법을 조정할 필요가 있습니다.

#그레이라는, 화이트가 아니라 희미한 블랙

갑자기 해시태그와 짧은 시 같은 표제어가 등장하니, '무슨 말이지?' 하고 의문을 품는 분도 있을 것입니다. 이것은 제가 지은 한 줄짜리 짧은 시입니다. 저는 최근 이 한 줄을 여러 곳에서 읽어드리고 있습니다.

사실은 이것이 발달장애 아이를 양육할 때의 기본 원칙 중 하나입니다. 매우 중요한 관점이므로 많은 사람에게 알려드리고 싶은 마음에 해시태그를 붙여보았습니다. 이 책을 읽고 이 한 줄 시에 공감하시는 분은 널리 알려주시기 바랍니다.

#그레이라는, 화이트가 아니라 희미한 블랙

혼다 히데오

발달장애는 일상생활에 지장을 줄 때도 있지만 그렇지 않을 때도 있는, 흑백의 구별이 어려운 장애입니다. 본인이나 가족의 입장에서 보면 발달장애가 '색'이 진한 장애라기보다 화이트에 가까운 그레이 장애로 느끼는 경우도 있지 않을까요.

발달장애는 다양한 행동 특성으로 나타나지만, 그런 행동이 대응 여하에 따라 줄어드는 일도 있습니다. 그렇게 되면 본인이나 가족은 '언젠가는 화이트가 되지(=발달장애의 특성이 사라지지) 않을까?'라고 느끼게 될지도 모릅니다.

하지만 이미 설명해드린 것처럼, 불편감이 줄어든다고 해서 특성까지 사라지는 것은 아닙니다. 아무리 옅은 그레이로 보인다고 해도, 그것은 화이트가 아니라 희미한 블랙입니다. 발달장애의 특성이 있는 경우에는 그것을 '옅어지고 있으니, 언젠가는 사라져버릴 것'이 아니라, **'아무리 옅어진다고 해도 계속 남아 있는 것'이라고 이해하는 것이 중요**합니다.

《미운 오리 새끼》의 백조처럼

저는 발달장애 아이 육아법을 설명할 때 동화《미운 오리 새끼》를 자주 예로 듭니다. '그레이'를 이해하기 위한 힌트가 되기에 여기에서도 소개하려고 합니다.

《미운 오리 새끼》는 오리 무리에 새끼 백조 한 마리가 섞여 들어간

이야기입니다. 무리에서는 오리가 다수자이고, 백조는 소수자입니다.

백조는 자신이 다른 새끼들과 어딘가 다르다는 걸 느끼면서도 오리로 살아가려고 합니다. 하지만 결국 자신이 친구들과 다르다는 사실이 명확해지면서, 백조는 무리에서 쫓겨납니다. 백조는 그 뒤 여러 곳을 방황한 끝에 백조의 무리에 합류하게 되고, 백조로 살아가게 됩니다.

이 이야기에서 백조는 자신이 오리가 아니라 '그레이인 존재'라는 걸 어렴풋이 깨닫지만, 처음에는 '오리가 되려고' 노력합니다. 즉 '화이트가 되려고' 했던 것입니다. 하지만 결국 오리가 되지 못하고, 나중에 달리 살아갈 길을 찾게 됩니다.

억지로 오리가 되려 하면 '과잉 적응' 할 수도

나는 발달장애와 같은 소수자 사람들을《미운 오리 새끼》동화에 비유할 수 있다고 생각합니다.

소수자 사람들은 자신에게 '다수자와는 다른 특성'이 있다는 것을 느끼면서도 다수자 사람들과 어우러지려고 합니다. 그러지 않으면 학교나 회사 같은 집단에 들어갈 수 없기 때문입니다. 하지만 소수자의 특성을 가진 채 다수자로 살아간다는 건 간단하지 않습니다. 오리가 되려고 했던 백조처럼, 무리하게 자신을 바꾸려고 하면 언젠가는 고통스러운 날이 오고 말 테니까요.

오리가 되려고 한 백조처럼 무리하게 주변과 융합하려 하거나, 혹은 주위의 기대에 부응하려다가 **환경에 적응하는 행동이 과도해지는 것을 '과잉 적응'**이라고 합니다.

발달장애 아이에게는 과잉 적응 현상이 자주 보입니다. 주변의 어른들이 '다른 아이들처럼 해야지'라고 하면, 그 요구에 맞추기 위해 자신이 하고 싶은 것이나 자기다운 방식을 억누르고, 과잉 적응하는 아이가 있기 마련입니다.

자폐 스펙트럼AS 특성이 있는 아이는 주변 사람이 가르쳐주는 '다른 아이들과 똑같이'라는 슬로건이 본인 안에서 강한 집착으로 자리하는 일도 있습니다. 아무리 해도 안 되는 것도 다른 아이들처럼 해야만 한다고 믿어버리는 겁니다.

'사회적 카무플라주 행동'을 하는 사람들

예전에 스웨덴의 한 ASD 여성은 자서전에서, 자신은 '평범한 척'을 하면서 살아왔다고 적었습니다(《항상 '평범'해지고 싶었다》 구닐라 옐란드(Gunilla Gerland) 지음). ASD 특성이 있었지만, 그것을 감추고 보통 사람처럼 사회생활을 했다는 이야기입니다. 그녀는 나중에야 자신과 비슷한 방식으로 세상을 살아가는 사람도 있다는 것을 조금씩 알게 되었다고 합니다.

그런 행동을 요즘은 **'사회적 카무플라주 행동'**이라고 부릅니다.

사회적 카무플라주 행동은 언뜻 사회에 잘 적응하기 위한 요령처럼 보입니다. 하지만 그런 행동은 우울이나 불안 등 정신 건강에 악영향을 줄 수도 있습니다.

영국의 연구자들은 ASD 경향이 있는 사람들의 사회적 카무플라주 행동 정도가 심할수록 사교 불안이나 전반성 불안, 우울 같은 증상과 관련성이 높다는 조사 결과를 보고했습니다.

이 보고서를 보면 발달장애 아이에게 '모두와 같도록' 요구하는 것은 인위적으로 불안이나 우울을 유발할 가능성이 있습니다. 발달장애 아이를 평균적으로 키우려고 하면 그런 리스크가 따릅니다.

그레이 아이는 그레이 성인으로 자라면 된다

발달장애 아이가 다수자에 맞추어 '평범한 척'을 하려고 하면 많은 고충이 따릅니다. 그럴 필요 없이, 화이트가 되지 않고도 살아가는 방법을 찾는 것이 중요합니다. 그레이 성향이라면, 그레이 성인이 되면 되는 것이지요.

예를 들면, 근시인 아이는 먼 곳에 있는 글씨를 읽지 못해서 불편합니다. 그리고 그 정도는 다양하겠지요. 교실 맨 앞자리에 앉아도 칠판의 글씨가 잘 보이지 않는 아이도 있습니다. 물론 가장 앞자리에 앉을 경우 글씨가 보이는 아이도 있겠지요.

만약 근시인 아이가 글씨를 읽는 데 어려움을 느끼면서도 '다른 아이들은 잘 보이는 것 같으니, 나도 노력해서 잘 읽어야만 해……'라고 생각한다면 어떻게 될까요? 본인의 노력이나 묘책만으로는 시력 문제를 해소할 수가 없습니다.

하지만 본인과 부모, 교사가 근시의 특징을 이해하고, 자리를 옮겨준다든가 안경을 쓰게 한다면 그 아이의 시력 문제는 해소될 것입니다. 그리고 그런 대응은 전국 어느 가정이나 학교에서 당연히 이루어지고 있습니다.

저는 **발달장애도 근시처럼 대응해야 한다**고 생각합니다.

아이가 '집단에 잘 적응하지 못하고', '다른 아이들처럼 똑같이 하지 못한다'고 느끼는 부분을 부모나 교사가 알아주어야 합니다. 아이에게 어떤 특성이 있는지 이해해주어야 합니다. 아이의 연령에 따라 본인과 함께 이해를 넓혀갑니다. 그리고 **그런 아이의 특성에 맞추어 방법을 달리하거나, 환경을 조성합니다.** 그러면 아이도 자신의 특성을 감추지 않고 그레이인 채로 성장할 수 있습니다.

아이에게 맞추어 자연스럽게 대응한다

저는 아이가 발달장애임을 알릴 때의 전달 방법에 대해서도 고민합니다. '자폐범주성장애'나 '주의력결핍 과잉행동장애' 같은 진단명을 설명하기보다는, '이 아이에게는 이런 특징이 있으니, 이렇게 대응해주시면 생활하기 수월합니다'라는 식으로 설명하기 위해 노력합니다.

'멀리 있는 것이 잘 보이지 않으니, 안경을 쓰도록 하죠'라는 처방처럼, 대응 방법을 이야기하는 것입니다.

그렇게 하다 보니, 아이와 부모는 지금까지 일어난 일을 되돌아보면서 앞으로의 생활에 대해 많이 생각해보게 됩니다.

이 책을 읽고 있는 여러분도 발달장애라는 말을 아이의 특성을 이해하고, 향후 대응을 생각하기 위한 계기로 삼아주시기 바랍니다.

그런 태도를 갖춘 사람이 늘어난다면, 근시인 아이가 안경을 쓰는 것처럼, 발달장애 아이에게는 그 아이에게 맞는 대응을 하는 것이 자연스러운 사회가 될 수 있지 않을까요. 저는 그렇게 기대하고 있습니다.

발달장애 아이를 잘 키우는 포인트 3가지

그렇다면 '아이에게 맞는 대응'이란 어떤 것일까요. 어떻게 대응하면 발달장애 아이가 그레이인 채로 그레이 성인이 될 수 있을까요. 간단히 대답할 수는 없지만, 그에 대한 방법을 다양하게 해설해드리겠습니다.

3장과 4장에서 구체적인 방법을 다루겠지만, 그 전에 발달장애 아이를 키울 때 중요한 포인트 3가지를 말씀드리겠습니다.

① 그레이란, 화이트가 아니라 희미한 블랙

첫 번째는 이미 말씀드린 '그레이란, 화이트가 아니라 희미한 블랙'이라는 것입니다. 발달장애 아이에게 다수의 아이와 똑같이 행동할 것을 요구해서는 안 됩니다.

② '적어도 이 정도쯤은'이란 말은 하지 말자

두 번째는 발달장애 아이에게 '적어도 이 정도는 할 수 있으면 좋겠어'라고 말해서는 안 된다는 것입니다.

아이가 어려워하거나 아예 못하는 부분이 있으면, 부모는 아이의 장래가 걱정되기 마련입니다. 잘해야 한다고 말하지는 않지만 '적어도 이 정도쯤은' 할 수 있기를 바랍니다. 그런 생각을 하게 됩니다. 그래서 **대부분의 부모는 자신의 아이에게 '평균치'나 '평균보다 약간 낮은 정도의 능력'을 기대하겠지요. 하지만 그것은 '화이트'를 지향하는 육아입**니다.

걱정과 기대를 담아 '적어도 이 정도쯤은' 해주기를 바라지 말고, '이 아이는 어떤 특성이 있는지'를 알아야 합니다. 그리고 그 아이에게 맞게 키우는 법으로 바꿔줍니다. 발달장애 아이를 기른다면 평균에 근접하는, '적어도 이 정도쯤은'이라는 기준을 버릴 필요가 있습니다. 다만 그것이 말처럼 쉽지는 않겠지요.

아이를 걱정하지 않는 부모, 아이에게 기대하지 않는 부모는 없을 것입니다. '적어도 이 정도쯤은'이라는 기대를 거두기란 정말 어려운 일입니다. 차분히 노력해봅시다. 의식을 개선하기 위한 요령은 앞으로도 몇 차례 말씀드리겠습니다.

③ '친구와 사이좋게'라고 말해서는 안 된다

세 번째도 해서는 안 되는 말입니다. 발달장애 아이에게 '친구와 사이좋게' 지내라고 말해서는 안 됩니다.

발달장애 아이 중에는 부모가 '친구와 사이좋게' 지내라고 말하면, '꼭 사이좋게 지내야 한다'는 강박감이 생겨서, 무엇을 하든 백번 양보하면서 상대에게 자신을 맞추려 드는 아이가 있습니다. 관심도 없는 활동이나, 서툴고 잘 못하는 분야에도 친구와 사이좋게 지내기 위해 자신이 참아야 한다고 생각하며 과잉 적응하는 아이가 나오게 됩니다. 그러면 아이에게 스트레스가 쌓이게 됩니다.

아이에게 말을 건네고 싶다면, '즐겁게 놀다 오렴'이라는 말 정도로 격려해줍니다. 발달장애 아이 중에는 관심의 폭이 좁은 아이도 있습니다. 우선은 자신의 페이스로 활동을 즐길 수 있도록 살핍니다. 좋아하는 활동을 즐기는 사이에 결과적으로 누군가와 친구가 될 수도 있습니다.

1장 '혼자 노는 아이'(31페이지)의 예시에서도 잠깐 언급했지만, **발달장애 아이에게 친구와 사이가 좋아진다는 건 목적이 아니라 결과**입니다. 아이에게는 '친구와 사이좋게'가 아니라, 본래의 목적인 '즐겁게'를 강조해주시기 바랍니다. 그 결과 친구와 친해진다면 그것은 덤이고 부차적 효과라고 생각해주세요.

지금까지 아이를 잘 키우는 포인트 3가지를 말씀드렸는데요, 어떤 포인트든 방향성은 같습니다.

① 다수파에 맞추지 않는다, ② 평균치에 맞추지 않는다, ③ 친구에 맞추지 않는다입니다.

모든 포인트가 '발달장애 아이에게 사회의 일반 기준에 부합할 것을 요구하며, 무리하게 강요해선 안 된다'는 점을 말하고 있습니다.

남과 다른 것을 해야 한다!

사실은 저 역시 그레이 성인이며 남과 잘 어울리지 못하고 살아온 사람입니다. 저는 진단을 받지는 않았지만, 저에게도 AS와 ADH의 특성이 있다고 느낍니다. 저의 이런 특성이 모두 생활에 지장을 줄 만큼은 아니지만, 갑자기 쓸데없는 집착이 생기기도 해서 불편했던 적이 적지 않았습니다.

어릴 때 아버지는 이런 저에게 "너는 남과 다른 걸 해야 해!"라고 자주 말씀하셨습니다. 다행스럽게도 제게 '남에게 맞추지 않고' 살아가는 법을 가르쳐주신 것입니다.

다만 이 말에는 좋은 면과 좋지 않은 면이 있습니다. 저는 늘 '남과 다른 것'을 하려고 했기 때문에 다수와 어울리지 않고도, 저의 속도대로 활동할 수 있었습니다. 그 점은 좋았지만, 한편으로는 제가 하고 싶었던 활동도 '남과 똑같아진다'는 생각이 들 때는 참가를 주저하곤 했습니다.

'남에게 맞추지 않는' 데 너무 집착하면, 결과적으로 저처럼 하고 싶은 것에서 멀어지는 경우도 있습니다. '남에게 맞추지 않는다'는 것은 '억지로 남에게 맞출 필요가 없다'는 뜻입니다. 그 점을 염두에 두면 좋겠습니다.

단, 사회 규범은 꼭 지킨다!

앞에서 언급한 '남과 다른 것을 해야 한다!'에 한마디만 더 추가하면, 좋은 슬로건이 될 것 같습니다. 바로 '사회 규범은 꼭 지킨다!'는 슬로건입니다.

'남과 다른 것을 해야 한다!'는 생각으로, 남에게 억지로 맞추지 않으면서 자신이 하고 싶은 것, 할 수 있는 것을 찾습니다. 동시에 자신이 할 수 없는 일이 있다는 것도 이해합니다. 그렇게 하는 것이 바로 자신의 특성을 이해해가는 과정입니다.

거기에 '사회 규범은 꼭 지킨다!'는 생각을 더합니다. 남에게 무리하게 맞출 필요는 없지만, 사회에는 최소한 지켜야 할 규범이 있습니다. 남에게 맞추는 것이 어렵다고 해서 규범을 무시한다면 문제가 될 수도 있습니다.

규범을 지키기 위해 잘 안되는 부분은 상담을 받기도 하고, 타인의 도움도 받으면서 할 수 있는 최소한의 일을 해나갑니다. 그러면 사회 규범을 지키면서 남과 다른 것도 충분히 할 수 있습니다.

'자율 스킬'과 '사회성 스킬'

저는 발달장애 아이에게 '자율 스킬'과 '사회성 스킬'이라는 2가지 스킬이 필요하다고 생각합니다.

자율이란 자신을 컨트롤하는 것, 즉 자신이 할 수 있고, 하고 싶은 바를 하는 것입니다. **'자율 스킬'은 제 아버지의 가르침이었던 '남과 다른 것을 해야 한다!'**는 말과 관련이 있습니다. 남에게 억지로 맞추지 않고, 자율적으로 행동하는 스킬입니다. 자신이 하고 싶은 것, 자신이 할 수 있는 것을 이해하고, 자율적으로 사회에 참여합니다. 그런 스킬을 익힌다면 환경이나 인간관계에 무리하게 적응하지 않고도 자신의 방식으로 살아갈 수 있습니다.

'사회성 스킬'은 '사회 규범은 꼭 지킨다!'는 말과 관련이 있습니다. 남과 어울리지 못하는 건 괜찮지만, 최소한의 규범은 지켜야 합니다. 혼자서 규범을 지키는 것이 어렵다면 누군가에게 의논하고 지원을 받습니다. 타인과의 상담도 포함하는, 사회 참가 스킬입니다. 사회 규범을 지킨다면 단독 행동이 많거나, 다른 사람과 다른 부분이 눈에 띈다고 해도 큰 문제가 되지 않습니다.

일상의 다양한 장면에서 자율 스킬과 사회성 스킬을 익히는 방법도 알려드리겠습니다.

'어떤 성인이 되는가'는 부모의 육아로 달라진다

발달장애의 특성은 그 사람이 태어나면서부터 지니는 성질 같은 것입니다. 부모의 '양육법'에 기인한 것이 아닙니다. 따라서 부모가 지금까지 해오던 양육법에 책임을 느낄 필요는 없습니다.

다만 발달장애 본래의 원인이 양육 방식은 아니지만, 발달장애 아이의 생활은 양육법에 따라 크게 달라집니다. **아이가 어떤 성인이 되는가는 양육법에 달렸습니다.**

부모가 아이에게 '서툰 부분을 극복하게 하고 싶다'거나, '평균 정도만 하기를' 바란다면, 그 아이는 고통스러울 것입니다. 어느 아이나 부족한 부분도 있고, 극복할 수 없는 부분도 있기 때문입니다. 극복할 수 없는 부분이 남았을 때, 아이는 대부분 부모의 기대에 부응하지 못하는 자신을 책망합니다. 그런 분위기에서는 자기 긍정감이 높아지지 않습니다.

세상의 기준에 부합하지 못하는 아이를 몰아세우지 말고, 아이가 그 아이답게 자랄 수 있도록 함께 길을 찾도록 해야 합니다.

'잘하는 것', '못하는 것', '좋아하는 것', '싫어하는 것'을 안다

발달장애 아이에게는 다양한 특성이 있습니다. 다수파 아이들과는 여러 가지로 차이가 있습니다. **부모나 교사는 아이가 '잘하는 것', '못하는**

것', '좋아하는 것', '싫어하는 것'을 일반 상식에 맞추지 말고, 있는 그대로 이해해주는 것이 중요합니다. 그렇게 하면 아이가 성장할 수 있는 길이 조금씩 보일 것입니다.

아이가 자기 자신을 알아가는 것도 매우 중요합니다. 아이가 자신의 장점이나 부족한 점, 좋아하는 것, 싫어하는 것을 알고, 어떤 활동에 어떤 방식으로 참여할 것인지 스스로 판단할 수 있어야 합니다. 그래서 부족한 분야나 싫어하는 분야를 피해 갈 수 있다면, 그 아이는 무리하지 않고도 자기답게 살아가게 되겠지요.

'서툰 일', '싫어하는 일'은 적극적으로 피해도 된다

아이가 서툰 일이나 싫어하는 일을 하려 들지 않으면, 주변의 어른들이 '이 정도는 꾀부리지 말고 해야지' 하고 말할 수도 있습니다.

그럴 때 강박적인 아이는 마지못해 붙잡고 해내기도 하지만, 아무리 해도 안 되는 아이도 있습니다.

발달장애 아이에게 본인의 노력만으로는 '이 정도쯤'이 불가능할 수도 있습니다. '노력으로 고난을 극복하라'는 가치관을 강요받으면, 그것을 달성하지 못했을 때 자신감을 잃어버리기도 합니다.

발달장애 아이가 서툰 부분에 대해 압박을 받을 때는 전력을 다해 피하는 것이 좋다고 생각합니다. 타인의 기준에 맞추어 무리하게 노력하는 데 시간을 쓰지 말고, 당당하게 도망칩시다. 고통받고 상처받으며 자신감을 잃기보다는, 서툰 일은 도움을 받고 잘하는 일이나 좋아하는 일은 활동의 폭을 넓혀가는 쪽이 훨씬 의미가 있습니다. 그래야 더 많은 걸 배울 수 있습니다.

다수자 지향 생활을 소수자 지향으로 조정한다

이미 설명해드린 것처럼 발달장애는 '소수자 종족'과 같습니다.

소수자의 특성을 본인이 이해하고, 부모나 주변 사람도 그 특성을 이해해 생활을 조정한다면 분명 삶은 편안해질 것입니다.

자신 있는 분야, 좋아하는 분야에서 능력을 발휘하기 좋은 환경을 만들면, 내몰리거나 회피하는 일도 줄어듭니다. 삶이 편안해지면 능력 향상도 잘되고 본인의 자존감도 높아집니다. 주변 사람과 인간관계도 쉬이 안정됩니다.

그것이 결국 2차 장애를 예방하고, 아이가 비교적 순조로운 생활을 꾸려가는 데도 도움을 줍니다.

아이가 구김살 없이 자기답게 살아갈 수 있도록, 이 책을 활용한 소수자 양육법을 꼭 실천해보시기 바랍니다.

3장

발달장애 아이에겐 칭찬·꾸중도 달라야 한다

아이의 개성적인 행동, 칭찬하는 것이 좋을까?

이 책은 '평균'이나 '상식'에 얽매이지 않는, 아이 개개인에 맞는 육아법을 권장하고 있습니다.

하지만 아이가 여러 가지 개성이 강한 행동을 했을 때, 부모는 그 행동을 제지하지 않고 칭찬해도 좋을지 고민스러운 순간도 있을 것입니다. 아이가 너무 지나치게 개성이 드러나는 행동을 해서 겉돌면 주의를 주는 것이 좋겠다는 생각이 들 때도 있겠지요.

그래서 3장에서는 발달장애 아이의 '칭찬법'과 '꾸중법'에 대해 말씀드리겠습니다. 1장 질문에서도 잠깐 말씀드렸지만, 칭찬법·꾸중법의 적절성은 아이의 특성에 따라 다르며, 행동이나 장면에 따라서도 달라집니다.

아이의 개성적인 행동은 어떤 장면에서 한 행동일 때 칭찬하는 것이 좋을까요. 또 어떨 때 꾸짖는 것이 좋을까요. 함께 생각해봅시다.

발달장애 아이의 칭찬법 : 키워드는 '속마음'

미니카 줄 세우기에 열중하는 아이, 어떻게 칭찬할까?

발달장애 아이는 약간 특이한 놀이를 하는 경우가 있습니다.

1장에서 '자꾸만 돌을 주워 모으는 아이'의 예시를 소개했는데요, 그 외에도 예를 들면 미니카를 쭉 늘어놓고 노는 아이가 있습니다. 미니카를 움직이며 노는 것이 아니라 몇 대가 되었든 오직 줄만 세우고 있습니다.

어른이 그런 모습을 보면 '미니카는 이렇게 움직이면서 노는 거란다' 하고 가르쳐주고 싶어질지도 모릅니다. 상식적으로 생각하면 그렇게 노는 것이 즐겁겠지요. 그래서 손짓과 발짓을 하면서 놀이법을 가르쳐주고, 아이가 그대로 따라 하면 '참 잘하는구나', '미니카가 달리니 재미있구나' 하고 칭찬합니다. 그렇게 대응하는 사람도 있습니다.

하지만 저는 그렇게 하는 것이 아이의 개성을 부정하고, 상식을 강요하는 형태가 될 수도 있다고 생각합니다. 아이가 미니카를 줄 세우는 게 즐겁다면 그 놀이를 그대로 이해해주면서 '줄이 참 길구나' 하고 말을 건네줍니다. **아이가 '하고 싶고', '즐겁다'고 느끼는 것을 그대로 인정**하는 것입니다. 그런 칭찬법을 권장합니다.

아이의 '좋아하는 마음'을 알아줄 수 있을까?

어른은 대부분 자신이 아이에게 시키고 싶은 것을 그 아이가 노력해서 해냈을 때 칭찬해줍니다. '참 잘했구나', '계속 그렇게 하면 돼'라고 말하며, 좀 더 노력하기를 바랍니다.

하지만 그것은 어른의 입장이고 사정입니다. 기쁜 사람은 어른뿐이고, 아이는 스트레스를 받고 있을지도 모릅니다. 아이 입장에서는 '칭찬받으니 기쁘다'기보다, '부담감 때문에 힘들다'고 느낄 수 있습니다. '이 어른이 곧 다시 다음 과제를 내주는 게 아닐까……' 경계할 수도 있겠지요. 그렇게 되면 칭찬한 것이 아닙니다. 아이는 자신감이나 의욕이 생기는 것이 아니라, 중압감을 느끼게 됩니다.

1장에서도 잠깐 언급했지만, 아이가 가장 자신감이 생길 때는 자신이 좋아하는 것, 관심 있는 것, 잘하는 것을 칭찬받았을 때입니다. 돌멩이를 좋아하는 아이에게 '모양이 특이하구나' 하고 말해줍니다. 미니카를 줄 세우는 아이에게 '줄이 아주 길구나' 하고 말해줍니다. 그렇게 아이의 '좋아하는 마음'과 '관심사'를 알아봐주고 칭찬해주는 것이 중요합니다.

미니카를 가지고 놀기보다는, 길게 줄 세우기를 좋아하는 아이

억지로 치켜세울 필요는 없다

아이의 마음을 헤아리고 공감해주는 것, 그것이 아이를 칭찬하는 요령입니다. '좋아하는 마음'이나 '관심사' 외에도 아이의 마음에 공감해줄 기회는 또 있습니다. 예를 들면, 아이 본인이 '조금 어렵다'고 느낄 때입니다.

아이는 연못이나 정원에서 디딤돌 사이를 넘나들며 자주 뛰어놉니다. 그 모습을 잘 보면 그 아이가 목표로 하는 뜀뛰기 방식을 알 수 있습니다. 아이가 조금 떨어진 곳으로 점프하려고 몇 차례 도전하고 있습니다. 그럴 때 잘 뛰어넘는 순간이 오면 '잘했어' 하고 한마디 해줍니다. 그런 사소한 한마디가 좋은 칭찬입니다.

'칭찬해줄 지점'을 알게 되면 점점 더 말을 건네고 싶어질 수 있습니다. 하지만 아이가 뭔가를 할 때마다 '해냈구나!', '대단하네!' 하고 치켜세운다면 칭찬에 대한 고마움이 점점 줄어듭니다.

본인이 '하고 싶은' 목표를 달성하고, 평상심과 달리 약간 흥분했을 때, 그 성취감에 공감하듯 슬쩍 칭찬합니다. 그 점을 가끔 잊지 않는 정도면 충분합니다. 칭찬하는 순간에도 요란스럽게 많은 말보다는, 슬쩍 가볍게 건네는 정도가 좋습니다.

AS와 ADH의 특성이 있는 아이 칭찬법

자폐 스펙트럼AS 특성이 있는 아이의 경우, 뭔가를 계획적으로 하려는 경향이 있으므로 작업이 모두 끝났을 때 칭찬해주면 아이의 성취감에 공감하기 좋습니다.

ADH(ADHD에서 'D'를 뺀 표현)의 특성이 있는 아이는 반대로, 산만하기 쉬우므로 도중에 칭찬해주는 것도 한 방법입니다. 또 옆길로 새다가도 결국 완성했을 때 '아슬아슬하긴 했지만, 마지막까지 잘했어'라고 말해주면, 본인이 느꼈을 '결국 해냈다'는 기분에 공감해줄 수 있지 않을까요.

칭찬할 때 '아슬아슬하긴 했지만' 같은 말은 굳이 안 하는 것이 좋지 않을까, 생각하는 사람도 있을 것입니다. 하지만 칭찬할 때는 솔직한 마음을 전하는 것이 매우 중요합니다.

예를 들면, 아이가 특별한 곤충에 관심이 있는 경우 부모가 그것을 딱히 별거 아니라고 생각하면서도 '굉장한데'라고 말한다면, 아이는 어떻게 생각할까요? 나쁘게 생각하지는 않겠지만, 부자연스럽다고 느끼지는 않을까요? 부모가 곤충이 다 똑같지라고 생각하면서도 습관적으로 '굉장한데' 하고 말한다면, 아이는 '이 사람은 이해를 못하는구나'라고 느낄 수 있습니다. 그런 말은 공감이 아닙니다.

아이를 칭찬할 때는 솔직하게 칭찬합시다. 아이의 취미가 얼마나 대단한지 이해할 수 없을 때는 섣불리 코멘트를 하기보다는 '그건 뭐니?'라고 솔직하게 물어보는 편이 폭넓은 공감대를 형성할 수 있습니다.

아이가 질문에 답하느라 여러 가지 말을 꺼내다 보면 그 아이의 취향을 이해하는 기회로 확장될 수도 있습니다.

특이한 이야기라도 일단 들어본다

아이들 중에는 따지기 좋아하는 아이, 독특한 집착이 있는 아이도 있습니다. 그런 아이에게 취미에 관해 물어보면, 억지스럽고 특이한 이야기를 할 때가 있습니다.

그럴 때 '그런 이상한 소리 말고!' 하며 주의를 주고 싶어질지도 모릅니다. 그런 상태라면 아이가 교사나 친구에게도 똑같이 이상한 이야기를 했을 가능성이 있기에 걱정이 되기도 하겠지요.

하지만 우선은 아이의 이야기를 다 들어주기 바랍니다. 알지 못하는 일에 대해 가볍게 평가하거나 거부하는 게 아니라 받아들여주기 바랍니다. '정말 그렇구나', '재미있는 생각이네'라고 말해주면서, 일단 이야기를 들어줍니다. 그렇게 아이의 마음을 받아주는 것도 아이를 칭찬해주는 것입니다.

칭찬 포인트 '속셈 없이 칭찬할 수 있는가'

아이의 '좋아하는 마음'에 공감해주고, 솔직하게 칭찬합니다. 이런 칭찬법의 포인트는 지나치게 노골적이며 정감 없는 말이 아니라, '속셈 없이 칭찬할 수 있어야' 한다는 점입니다.

곤충에 대해 별 느낌이 없으면서도 '굉장한데'라고 칭찬하는 이면에는 '이렇게 칭찬해주면 아이가 기뻐하겠지' 하는 속셈이 있습니다. 아이는 그런 속셈을 잘 간파하며, 속셈이 담긴 말은 잘 귀담아듣지 않습니다. 그러니 부모도 흥미 없는 일에는 무리하게 관심을 보이는 척할 필요가 없습니다. 솔직하게 '(난 별로 관심은 없지만) 아주 잘 알고 있구나'라고 말해주고, 아이의 이야기를 듣기만 해도 좋습니다.

조금 전 '부모는 자신이 아이에게 시키고 싶은 것을 아이가 해냈을 때 칭찬한다'는 이야기를 했는데요, 그것도 마찬가지로 속셈을 담은 칭찬법입니다. **부모에게는 '이런 자녀로 키우고 싶다'는 욕심**이 있습니다.

부모가 '이렇게 자라주길', '이렇게 하면 기뻐해주길' 바라는 욕심을 갖고 있으면, 아이에게 그 마음이 전달됩니다. 그래서 아이는 자신이 하고 싶은 것이 아니라, 부모가 시키고 싶은 것이 우선되어야 한다고 느낍니다. 그렇게 되면 아이의 자신감은 향상되지 않습니다.

'아이가 하고 싶은 것'과 '부모가 시키고 싶은 것'은 다르다

부모는 얼마나 욕심을 버릴 수 있을까요. 욕심을 버리고 아이가 하고 싶어 하는 것에 눈을 돌리고, 그 아이의 '좋아하는 마음'이나 '관심사'

에 솔직하게 공감할 수 있을까요. 부모가 아이를 칭찬할 때는 '속마음'을 의심받습니다.

'아이가 하고 싶은 것'과 '부모가 시키고 싶은 것'은 다릅니다. 아이를 칭찬한다는 것은 그 아이가 하고 싶어 하는 것을 칭찬하는 것입니다. 부모의 기대는 접어두고, 아이의 페이스에 맞추어 칭찬한다는 것이 쉽지는 않겠지만, 조금씩 아이가 하고 싶어 하는 것에 관심을 가져보도록 합시다.

예전에 저의 동료가 모자 교실에서 한 프로그램을 실시한 적이 있습니다. 부모와 자녀가 처음으로 공동 작업을 하는 프로그램이었습니다. 그 교실에서는 아이가 도구 박스를 사용했는데요, 그 도구 박스를 가정에서 준비하도록 했습니다. "몇 월 며칠까지 부모와 자녀가 함께 만들어오시기 바랍니다" 하고 말했습니다.

그러자 다양한 도구 박스가 모였습니다. 백화점 포장지를 사용해 예쁘게 장식한 것도 있었고, 아이의 취향이 반영되고 직접 만든 듯한 모양도 있었습니다. 만듦새는 다양했습니다.

모두의 도구 박스를 펼쳐놓고 발표의 장을 마련해 아이들의 다양한 설명을 들었습니다. **자기 아이디어가 반영된 아이는 설명을 매우 잘했습니다.** 어떤 의미가 있고, 어디를 어떻게 고민했는지 풍부한 이야기가 나왔습니다. 반면에 **부모의 주도하에 박스를 만든 아이는 그다지 설명이 없었습니다.** 자기 생각대로 만든 것이 아니기 때문에 말하고 싶은 것이 적은 것입니다.

이 프로그램을 운용해보니, '아이가 하고 싶은 것'과 '부모가 시키고 싶은 것'은 다르다는 것을 잘 알게 되었습니다. 부모들에게 아이들의 발표 모습을 보여준 결과, 아이가 주체적으로 활동하는 것의 중요성도 전달되었습니다.

우리는 그런 실천을 통해 아이에게는 스스로 성장하는 싹이 있고, 그것을 찾아 그대로 성장하게 하는 것이 중요하다는 것을 모두에게 전하고 있습니다.

아이를 칭찬할 때 중요한 점은 솔직한 마음으로 속셈 없이 칭찬하는 거지만, 칭찬 방법에 대해서는 그 밖에도 연령별 포인트라든가 ASD와 같은 특성별 포인트도 있습니다. 칭찬법의 구체적인 힌트도 몇 가지 소개하겠습니다.

칭찬 힌트 ① 연령별 요령

유아기에는 '굉장한데' 정도면 OK

'아이를 추켜세울 필요는 없다'고 말씀드렸지만, 아이가 아직 어리다면 부모는 아이가 무엇을 하더라도 '굉장한데', '잘했어'라는 말로 격려해주기 마련입니다. 그다지 나쁘지 않은 방법입니다.

유아기까지의 아이는 대부분 부모나 주변 사람이 말로 다양한 관심을 표현해주면 기뻐합니다. 나무 블록을 높이 쌓아 올렸더니 '참 잘했구나', '굉장하네'라는 말과 함께 박수를 받으면 생긋 웃으며 반응도 합니다. 스스로 손뼉을 치면서 주변의 박수를 끌어내는 아이도 있습니다. 그런 시기에는 부모도 너무 깊이 생각하지 말고 아이를 자주 칭찬해주어도 좋습니다.

차차 아이가 성장하면 칭찬을 해도 별 반응을 보이지 않게 됩니다. 아이 본인이 하고 싶은 것이 확실해지면 그런 반응이 늘어납니다. '칭찬을 해줘도 기뻐하는 것 같지 않네'라고 느껴진다면 무조건 칭찬하기는 중단하고, 아이의 마음에 공감하는 칭찬법을 생각해봅니다.

칭찬 힌트 ② 연령별 요령

학령기 이후는 짧고 굵게 한마디

연령이 높아져 학령기에 들어서면 아이의 반응은 다시 바뀝니다. 칭찬에 기뻐하는 일은 줄고, 어른의 칭찬 여부와 상관없이 자신이 하고 싶은 것, 친구와 함께 하고 싶은 것에 더 관심을 가집니다. 어른이 싫어하는 일도 자신이 재미있으면 하는 시기를 맞는 것입니다.

이 시기에 유아기 전반과 같은 스타일로 '참 잘했어요' 하고, 보란 듯이 칭찬한다면 아이가 싫어할 수도 있습니다. 학령기에 들어섰다면 노골적인 칭찬은 줄이고, 은근슬쩍 칭찬하도록 합니다.

아이가 하고 싶은 것을 하고 있을 때, 슬쩍 '잘하네', '오, 예!', '해냈구나'라고 한마디만 합니다. 그 정도의 거리감으로 칭찬하면 알맞을 것 같습니다. 그런 무심한 듯한 한마디를 들으면 아이는 '아, 다 보고 있었구나'라고 느끼기도 합니다.

어릴 때부터 다양한 커뮤니케이션을 하게 되면, 이 시기에 부모와 자녀 간의 신뢰 관계가 형성됩니다. 좋은 관계라면 무심한 듯 한마디쯤 건네는 말도 칭찬이 됩니다.

칭찬 힌트 ③ 연령별 요령

'짧고 굵은 한마디'는 아이에 따라 다르게

힌트 ①과 ②에서 연령에 기준을 두었지만, 이것은 어디까지나 기준입니다. 학령기가 되어도 칭찬받으면 순수하게 기뻐하는 아이도 있습니다. 연령에 상관없이 아이의 상태를 보고 칭찬하는 방법을 생각해봅시다. '칭찬했을 때 아이가 기뻐하는지' 잘 살피는 것이 포인트입니다.

아이가 칭찬을 들었을 때 미묘한 반응을 보인다면, 아이가 타인의 눈을 의식하는 시기가 된 것입니다. 타인이 자신을 어떻게 보는지 신경 쓸 만큼 성장했기 때문에 부모에게 받는 칭찬이 무조건 기쁘지는 않은 것입니다. 이 시기는 아이에 따라 다르므로 아이 각자의 성장을 지켜보아야 합니다.

칭찬 힌트 ④ AS 타입

구체적인 언어로 정확하게 칭찬한다

자폐 스펙트럼AS의 특성이 있는 아이에게는 빗대거나 은유처럼 돌려서 하는 말이 잘 전달되지 않을 수 있습니다. 그런 경우에는 은근한 칭찬 말고, 구체적인 말로 정확하게 칭찬하는 편이 좋습니다.

'대단하구나', '잘해냈어'만으로는 충분히 전달되지 않으니 '(미니카) 줄이 아주 길구나', '(나무 블록을) 높이 잘 쌓았구나, 대단한데' 하는 식으로 그 아이의 행동을 구체적인 단어로 말해줍니다.

칭찬 힌트 ⑤ ADH 타입

완료한 일은 '결과가 좋으면' 칭찬한다

칭찬 요령 중의 하나로 '완료하지 못했어도 노력한 점은 칭찬합시다'라는 말을 들을 때가 있습니다. 저는 아무리 열심히 했더라도 끝마치지 못한 걸 억지로 칭찬하는 건 잘못된 메시지가 될 수도 있다고 생각합니다.

이에 대한 한 가지 사례를 소개하겠습니다.

사례 1 아무리 조심해도 자꾸 물건을 잃어버리는 아이

A는 주의력결핍 과잉행동ADH의 특성이 있는 아이입니다. 부주의 특성이 있고,

소지품을 잃어버리는 일이 자주 있습니다. 이 아이는 '주의하는데도 잃어버리는' 일이 빈번합니다. 이렇듯 자주 있는 일이다 보니, 본인은 그다지 심각하게 생각하지도 않는 데다 부모로부터 '그래도 노력했으니까', '다음엔 잘할 거야'라는 칭찬을 듣습니다.

부모는 A를 격려하기 위한 칭찬이겠지만, A는 정말 열심히 노력했는데도 '다음엔 잘할 거야', '다음엔 안 잃어버릴 거야'라는 말을 계속 들으면 결국엔 중압감을 느끼게 됩니다. 본래 뭘 잃어버려도 '뭐 어때' 하고 흘려보내는 아이였는데, 최근 '또 실수를 했구나'라는 감정을 갖게 되었고, 그런데도 계속 칭찬을 듣다 보니 안절부절못하는 아이가 되었습니다.

해설

일반적으로는 '노력을 칭찬하는 건 좋다'고 말하지만, A의 경우 칭찬이 오히려 불필요한 압박으로 작용하고 있습니다. A처럼 웬만한 실수는 개의치 않고, 스스로 기분을 전환할 수 있는 아이에게는 무리하게 매번 참견할 필요가 없습니다.

A 같은 타입의 경우, 본인이 '뭐 어때' 하고 넘기는 모습을 지켜봐주고, 가끔 잘 챙길 때도 있어서 본인도 만족스러워하면 '다행이구나' 하고 가볍게 거들어주는 정도의 칭찬법이 적당할 때가 많습니다. 운 좋게 성공했을 때도 '결과만 좋으면' 칭찬해주는 식입니다. 예를 들면 다음 사례와 같은 칭찬법을 권장합니다.

아무리 조심해도 준비물을 깜빡하는 아이

사례 2 숙제의 범위를 자주 착각하거나 잊는 아이

B도 ADHD의 특성이 있는 아이입니다. 이 아이는 늘 숙제 때문에 고민입니다. 숙제의 범위를 착각하거나 잊어버려서 제대로 하지 못할 때가 많습니다. 하지만 가끔은 잘할 때도 있습니다.

투덜대기도 하고 부모나 형제를 끌어들이면서 숙제를 하지만, 어찌어찌 잘 마쳤을 때는 어깨를 으쓱대기도 합니다.

그럴 때마다 부모는 '또 난리를 피우네'라고 생각하면서도 결과가 괜찮으면, "잘 끝내서 다행이야"라고 긍정적으로 말해주고 있습니다. 다만 B는 쉽게 우쭐해지는 성향도 있으므로 칭찬이 과하지 않도록 주의하고, '난리를 피운 것치고는 잘했다'는 뉘앙스로 적당한 선에서 칭찬할 수 있도록 유의하고 있습니다.

해설

ADH 타입의 아이에게는 이런 방식으로 '나는 실수가 잦다', '난리를 피우기도 한다', '하지만 주변에 고민을 말하면 어떻게든 된다'는 인식을 심어줍니다. 그렇게 해서 '주변의 힘을 빌리면 할 수 있다', '마지막에는 매듭이 지어진다'는 인식이 생기면 자잘한 실수에 연연하지 않으면서 순조롭게 성장합니다. 실수하더라도 침울해하거나 감추지 않게 됩니다. 아이가 그런 모습으로 성장해나가도록 칭찬해주시기 바랍니다.

하이 파이브로 아이의 성취에 대한 노력을 칭찬한다

칭찬 힌트 ⑥

하이 파이브 같은 동작을 활용한다

칭찬할 때 말로만 하는 것이 아니라 동작도 함께 넣는 방법이 있습니다. 우리가 자주 하는 것이 하이 파이브입니다. '해냈어'라고 말하면서 양손 혹은 한 손으로 하이 파이브를 합니다. 그러면 아이가 성취감을 더 잘 느낄 수 있습니다. 말로 어떤 상황을 이해하는 능력이 부족한 아이의 경우 특히 유효합니다.

이것은 일종의 의식 같은 것인데요, 하이 파이브를 하면 '성취감을 잘 느낄 수 있다', '상대와 공감이 잘된다', '다른 활동으로 전환하기 쉽다'는 장점이 있습니다.

유아기에 특히 효과적인 방법으로, 대부분의 아이들이 하이 파이브를 즐거워합니다. 연령이 높아져도 아이 본인이 좋아한다면 활용해도 좋다고 생각합니다. 다만 손으로 접촉하는 걸 좋아하지 않는 아이도 있습니다. 따라서 아이의 반응을 잘 살피는 것이 중요합니다. 유아기에도 아이가 꺼린다면 무리하게 접촉하지 말아야 합니다.

발달장애 아이의 꾸중법 : 키워드는 '진심'

꾸중을 잘하는 사람은 잘 혼내지 않는다

지금까지 칭찬할 때 가장 중요한 점은 아이의 마음에 공감할 것, 아이의 성취감을 잘 파악할 수 없을 때는 솔직하게 아이에게 물을 것, 칭찬의 키워드는 '속셈 비우기'라고 말씀드렸습니다.

이어서 '꾸중법' 해설로 옮겨갈 텐데요, 꾸중법의 키워드는 '진심'입니다. 아이가 행동을 개선하길 바란다면, 그 방법을 진지하게 고민합니다. 그것이 꾸중법의 포인트입니다. 꾸중을 잘 활용하는 사람은 신중하게 생각한 뒤 행동하기 때문에, 아이를 잘 꾸짖지 않습니다.

신중하게 생각한다는 건 어떤 것인지, 꾸중을 잘 활용하는 사람은 어떻게 하는지 말씀드리겠습니다.

부모나 교사가 아이를 꾸짖을 때는 대부분 아이를 위해, 아이에게 무엇이 중요한지 가르치려고 할 때입니다. 어른은 아이가 해서는 안 될 행동을 했을 때, 해야 할 것을 하지 않았을 때, '그러면 안 된다'고 말하며 꾸짖습니다. 아이가 다음부터는 그러지 않기를 기대하며 꾸짖는 것입니다.

그런 아이를 위한다는 생각, 뭔가를 가르치려는 의도에 대해 어른의 마음이 얼마만큼 진심일 수 있는가가 꾸중법의 포인트입니다.

'꾸중'에는 크게 3종류가 있다

"꾸중은 어떤 중요한 것을 가르치려고 할 때 한다"라고 말씀드렸지만, 실제로 어른이 정말로 뭔가를 가르치려고 아이를 꾸짖는 경우는 많지 않습니다.

'꾸중'은 크게 3가지 종류로 나뉩니다.

① 훈육을 위한 '꾸중'

첫째는 중요한 것을 가르치려고 꾸짖는 패턴입니다.

② 기분 전환을 위한 '꾸중'

두 번째는 부모나 교사가 화가 나서 아이를 꾸짖는 패턴입니다. 어른도 인간이기 때문에 감정적으로 꾸짖을 수도 있습니다. 그런 경우 가르치려는 의도보다는 어른의 기분 전환을 위해 꾸짖게 되는 부분이 있습니다.

③ 상황 모면을 위한 '꾸중'

세 번째는 당장의 상황을 모면하기 위해 꾸짖는 패턴입니다. 아이가 누군가에게 민폐를 끼쳤는데 상대에게 사과하거나 아이를 꾸짖지 않으면 수습이 안 될 때, 그럴 때 상대의 기분을 위로하기 위해 꾸짖는 패턴입니다. 이런 경우 형식적으로 꾸짖기도 합니다.

이렇게 3가지 종류가 있다는 것을 어른이 이해할 수 있다면, 아이를 쓸데없이 꾸짖거나 지나치게 꾸짖는 일이 줄어듭니다. 중요한 부분이니 이어서 좀 더 상세하게 설명하겠습니다.

① 훈육을 위한 '꾸중'

부모가 아이의 행동이 개선되길 바라는 마음에 꾸짖는 경우, 실제로 효과가 있는 것은 '① 훈육을 위한 꾸중'뿐입니다. 아이에게 주의를 주고, 적절한 행동을 가르치면 아이의 행동이 개선되는 일도 있습니다.

반면에 '② 기분 전환'과 '③ 상황 모면'은 부모의 사정 때문에 꾸짖는 경우입니다. 아이에게 주의를 주려는 측면도 있겠지만, 그보다는 '부모 자신의 화'나 '상대방의 분노'를 진정시키려는 측면이 더 강합니다. 그렇기 때문에 ②와 ③의 패턴에서는 아이를 꾸짖어도 행동이 개선되지 않는 경우가 많습니다.

다만 ②나 ③과 같은 꾸중이 바람직하지 않다는 말은 아닙니다. 감정적으로 꾸짖을 때나, 꾸짖는 표시를 하지 않으면 상황이 누그러지지 않을 때도 있겠지요.

중요한 것은 3가지 패턴이 있다는 것을 알아야 한다는 점입니다.

①은 아이의 행동 개선을 위해 방법을 가르치는 형태입니다. 이 경우 중요한 점은 가르친 내용이 아이에게 잘 전달되었는지 확인하는 것입니다. **가르치려는 내용이 그 아이의 발달 단계에 적합한 과제일 경우, 몇 차례 반복하다 보면 잘 전달**됩니다. 아이가 자신의 행동을 바꿔보려고 합니다. 그런 경우에는 꾸중법이 적절합니다.

몇 번을 말해도 알아듣지 못하거나, 아이가 이해는 하지만 행동 개선이 안 될 때는 그 과제를 가르치기에 아직 시기적으로 이르기 때문일 수 있습니다. 그런 경우에는 반복해서 꾸짖어봤자 효과도 없는 데다, 자녀와 관계만 나빠집니다. 가르치는 것을 일단 멈추고 당분간은 부모가 도와주면서 대응하도록 합니다.

② 기분 전환을 위한 '꾸중'

부모도 인간이기 때문에 화가 나서 꾸짖을 때도 있다는 점을 이해하는 것이 중요합니다.

물론 화풀이로 꾸짖는 일이 없다면 좋겠지만, 부모도 성자는 아닙니다. 스트레스가 쌓이다 보면 생각지도 않게 버럭 화를 낼 수도 있겠지요. 중요한 점은 그다음에 **'아, 이번에는 화풀이로 혼을 내고 말았네' 하고 깨달으면서 더 화내지 않을 것, 그리고 그런 식의 꾸중을 가능한 한 줄여가는 것**입니다.

그리고 화풀이로 꾸짖었을 때, 아이를 위해서였다는 듯한 변명은 하지 않도록 합니다. 아이의 반감을 살 우려가 있습니다. 특히 사춘기에 접어든 아이는 그런 속임수에 민감합니다. 화가 나서 꾸짖었다면, 괜한 변명 없이 이야기를 끝내도록 합니다. 그리고 부모의 기분이 안정된 후에 즉시 '미안해, 아까는 내가 말이 심했어', '화가 나서 벌컥 야단을 쳤구나. 미안해'라고 사과하는 것이 좋습니다. 어느 정도의 연령이 된 아이라면 '아, 아깐 그랬구나', '마음에 두지 않아도 되는구나' 하고 이해하며 넘길 수 있겠지요.

화풀이를 위한 꾸중은 자신의 기분을 진정시키기 위한 행동입니다. 아이를 위해 진심으로 꾸짖는 것이 아닙니다. 그런 꾸중으로 아이의 행동이 개선되는 효과는 없습니다. 뭔가를 가르치고 싶다면 다른 기회에 차분하게 알려주도록 합니다.

③ 상황 모면을 위한 '꾸중'

이것은 ①이나 ②에 비해 생각해야 할 포인트가 많으니 자세히 설명해드리겠습니다.

③의 목적은 민폐를 끼친 상대에게 반성하는 모습을 보이기 위한 것입니다. 상대가 분노해 수습이 안 되고, 그대로 두었다가는 서로가 감정적으로 흐를 조짐이 보일 때, 반성하는 태도를 보여서 마찰을 피하려고 꾸짖습니다.

그런 경우 부모는 아이에게 뭔가를 가르친다기보다 형식적으로 꾸짖는 면도 있습니다. 아무래도 상대방의 마음에 신경을 쓰는 형식이지, 아이에게 중요한 것을 가르치기 위한 훈육법은 아닙니다.

따라서 ③의 패턴에서도 '아이의 행동이 개선되는' 효과는 기대하지 말아야 합니다. 오히려 '오늘은 형식적으로 꾸짖는 것이니, 다음에 이 아이가 행동을 개선하지는 않겠지'라고 마음먹는 편이 현실적입니다.

③의 상황에서는 꾸짖는 척만 하고, 효과를 기대하지 않으며, 뭔가 가르치고 싶으면 다른 기회에 확실히 가르친다는 구분 인식이 필요합니다.

그리고 여기에서는 '형식적으로', '하는 척'이라고 썼지만, 그것을 아이에게 굳이 말할 필요는 없습니다. 아이에게 '일단 주의는 주지만, 마음에 두지 않아도 돼'라고 말하면, 오히려 혼란을 줄 수 있습니다. 부모가 의식적으로 '하는 척'만 해도 그것으로 충분합니다.

이제 ③의 '꾸중' 패턴을 사례로 살펴봅시다.

사례 3 뚱뚱한 사람을 보면 '뚱보'라고 말하는 아이

C는 초등학생 남자아이입니다. 이 아이는 뚱뚱한 사람에게 대놓고 '뚱보'라고 말합니다. 예절에 대한 이해가 부족해 '세상에는 생각을 그대로 말하지 않아야 좋을 때도 있다'는 말을 좀처럼 이해하지 못합니다.

주변 사람이 '그런 말은 삼가는 게 좋아'라고 주의를 주어도, C는 '사실을 말한 것뿐인데'라고 대답합니다. 그래서 상대는 점점 분노하고 문제가 되기도 해서, 부모가 늘 대신 사과를 합니다. 문제가 발생할 때마다 C를 꾸짖고 주의를 주지만 문제가 해결되지는 않습니다.

'문제가 일어났을 때 상대에게 사과하고, 아이를 꾸짖는다'는 방법으로는 아이의 행동이 개선되지 않는다는 걸 보여주는 사례입니다. 아무리 꾸짖어도 아이는 같은 행동을 반복합니다. 그러면 부모는 '좀 더 강하게 꾸짖어야겠어', '알아들을 때까지 설명해야겠어'라고 생각할 수도 있지만, 더 강하게 꾸짖는다고 해도 분명 효과는 없을 것입니다. 공연히 아이를 꾸짖는 횟수만 늘어나고, 부모와 자녀 모두가 지치기 쉽습니다.

C 같은 경우에는 문제가 된 상황을 무마하는 것과는 '별도의 문맥'에서 아이에게 적절한 행동을 알려주어야 합니다.

'별도의 문맥'으로 행동 개선법을 가르친다

상대에게 사과할 때는 '상황을 진정시킨다'는 데 초점을 두고 이야기합니다. 그 후 별도의 기회에 '뚱뚱한 사람을 만났을 때 어떤 태도로 말하는 것이 멋질까' 같은 말로 '적절한 행동을 생각해보자'는 문맥으로 얘기해줍니다.

부모와 자녀가 천천히 이야기를 나누는 것도 좋지만, 이에 더해 글을 쓰거나 일러스트를 그려보는 것도 아이에게 내용 전달이 쉬울 수 있습니다. 사전에 대화 방식이나 태도 패턴을 몇 가지 써두고, 어느 것이 좋은 방법인지 선택해보는 것도 좋습니다. 그렇게 준비해서 천천히 생각

'상황을 수습한다'는 문맥으로 말한다

'적절한 행동을 생각한다'는 문맥으로 말한다

할 기회를 만들면 아이가 적절한 행동을 학습하기 수월합니다.

특히 자폐 스펙트럼AS 특성이 있는 아이는 실패를 통한 학습을 어려워합니다.

그래서 실수했을 때는 꾸중만이 아니라, '별도의 문맥'에서 적절한 행동을 가르치는 것이 특히 중요합니다.

아이가 실수했을 때는 대부분 꾸중을 들으면서, '이런 행동은 하면 안 된다'는 것만 지시받습니다. 그래서 '이것이 안 된다는 건, 거꾸로 저것은 해도 된다는 건가' 하고 살피는 아이도 있지만, AS의 특성이 있는 아이는 말의 이면을 읽는 능력이 부족합니다. '이건 하면 안 돼'라는 말을 들으면, 그 말을 그대로 받아들입니다. 그런 식의 지적을 AS 특성의 아이로서는 '결국 어떻게 하면 좋을지' 모른다는 것입니다.

그 결과, 본인이 '뚱뚱한 사람을 보면 뚱뚱하다는 생각이 든다', '하지만 뚱뚱하다고 말해서는 안 된다', '사실을 말하지 못해서 안절부절못한다'라는 식으로 혼자서 스트레스를 받기도 합니다.

별도의 기회에 부모가 '생각을 말로 표현하지 않는 편이 좋을 때가 있다', '상대에게 상처가 되는 말이 있다', '말하더라도 상대가 없을 때나, 가족끼리만 있을 때 하는 것이 좋다' 같은 대책을 가르쳐주면, 본인도 이해하고 대처할 수 있습니다. 한 번 학습해두면 다음에 또 실수해서 꾸중을 듣더라도, '그때 그랬었지', '이건 아닌데' 하고 기억해낼 수도 있습니다. 그런 의미에서도 별도의 문맥에서 가르치는 것이 중요합니다.

또 '별도의 문맥'으로 가르칠 때, '그때 이런 식으로 말을 해서 누구누구에게 꾸중을 들었잖아……'라는 식으로 설명하면, 떠올리고 싶지 않은 일을 다시 문제 삼는 모양새가 될 수도 있습니다. 그런 식의 말은 아이가 싫어하므로, **문제를 다시 끄집어내 가르치지 말고, 부모가 이야기를 정리해서 일반론으로 가르치는 편이 좋겠습니다.**

특히 AS의 특성이 있는 아이는 기억력이 좋아서 과거의 시간을 하나하나 소환한다면 실패 경험에 대한 기억이 강해져 지나치게 반성하며 침울해질 수 있습니다. 일반론으로 알려주는 것이 적합합니다.

또 ADH의 특성이 있는 아이는 과거에 얽매이지 않고, 이미 마음에서 정리해버렸을 수도 있습니다. 그런 경우도 문제를 다시 들추어내기보다 미래를 위한 대화 형식으로 이야기를 풀어가는 것이 수월할 것입니다.

'멋지다' 같은 기쁨의 키워드를 활용한다

일반론으로 가르칠 때, 아이의 동기가 될 만한 키워드를 슬쩍 사용하는 방법도 추천합니다. **예를 들면 '멋지다'는 말에 기뻐하는 아이라면, '어떤 태도가 멋질까'에 대해 함께 생각해봅니다**('뚱뚱하거나 말랐다는 느낌을 말로 해주는 것이 멋질까? 안 해주는 것이 멋질까?' 하는 식입니다).

본인이 '멋진 행동을 하고 싶다'는 생각이 있다면 행동을 바꿉니다. 부모나 교사가 그 점을 칭찬해줍니다. 그러면 또 본인은 '자신이 행동을 바꾸면 모두에게 인정받는다'는 인식이 생깁니다. 이런 과정을 통해 사회 규범을 지켜야 한다는 의식, 사회인으로서 일정한 정도의 행동을 하려는 의식이 생기기도 합니다.

하지만 '멋진 행동'을 배우고도, 아이가 엉겁결에 '저 사람, 뚱뚱해'라는 말이 나올 수도 있습니다. 친구를 잘 때리던 아이가 머리로는 '안 된다'는 걸 알면서도 자기도 모르게 손이 나가버릴 때도 있을 것입니다. 잘 가르친다고 모든 문제가 해결되는 것은 아닙니다.

아이가 적절한 행동을 머리로는 이해하지만, 무심결에 말이나 손이 먼저 움직일 때가 많다면 바로바로 사과해서 상황을 진정시키고, 나중에 가르치기보다 **말이나 손이 먼저 나올 법한 위험한 장면을 피하도록 합니다.** 예를 들면, 한 번 '뚱뚱해'라고 말한 상대와는 얼굴을 마주칠 기회를 피하고, 다툼이 생길 만한 친구와는 어울릴 기회를 줄이는 방법으로 대응합니다.

그러면 공연히 과하게 꾸짖는 일도 없어지고, 아이와 부모가 함께 안절부절못하는 일도 줄어들겠지요.

아이를 꾸짖을 때 중요한 점은 3종류의 '꾸중'이 있다는 것을 이해하고, 자신이 왜 꾸짖고 있는지 의식할 것. 그리고 **① 가르치기 위한 '꾸중' 외에는 효과 없는 꾸중이라는 것을 깨닫고, 그런 꾸중을 줄여갑니다.**

다만 꾸중을 줄이기도 쉬운 일은 아닙니다. '되도록 꾸짖지 말아야지' 생각하면서도 아이가 예상 밖의 다양한 행동을 하게 되면, 어른도 무심결에 화를 내기 마련입니다. 이제부터는 꾸짖는 횟수를 줄이는 요령을 소개해드리겠습니다.

꾸중 힌트 ① '친척 아이를 돌보고 있다'고 생각한다

매일 부모와 자녀 사이의 여러 문제를 상담하다 보면, 자녀를 지나치게 꾸짖게 되어 고민인 부모로부터 '내 아이라서 내버려둘 수가 없다'는 이야기를 자주 듣습니다. 그럴 때 저는 **'한번 친척의 자녀를 돌보는 셈 치고 꾸짖어보면 좋습니다'**라고 말합니다.

'친척의 자녀' 정도의 거리감이라면 내 아이만큼의 기대는 생기지 않습니다. 그리고 전혀 관계없는 아이도 아니라서, 어느 정도의 예의범절은 가르쳐야 한다고 생각하기 마련입니다. 아이를 꾸짖을 때는 그 정도의 거리감이 적당하다고 생각합니다.

꾸중 힌트 ② 연령이 높아질수록 꾸중 횟수를 줄인다

상담으로 많은 부모와 자녀를 접하다 보니, 현명하게 꾸짖는 부모는 대체로 자녀의 연령이 높아질수록 아이를 꾸짖는 일이 적었습니다. 아이가 사춘기쯤 되면 거의 꾸짖지 않고, 무슨 일이든 대화로 해결하려는 부모도 있습니다.

예를 들면, AS의 특성이 있는 아이의 경우, 사람의 감정을 잘 읽어내는지는 못하지만, 논리적인 설명은 잘 이해하기도 합니다. 부모가 그 점을 파악하고 '화를 내면 알아듣지 못한다', '하지만 잘 설명하면 알아듣는다'는 특징을 기억한다면, 꾸짖을 필요가 없습니다.

꾸중을 줄이기가 어려운 사람은 이런 예시를 참고로, 아이의 연령이 높아짐에 따라 꾸중을 조금씩 줄여가도 좋겠습니다.

꾸중 힌트 ③ '긍정문으로 말하는 연습'을 한다

어른은 아이를 꾸짖을 때, 무심결에 '안 돼!'라고 말합니다. '밖에 나가면 안 돼', '거기는 올라가면 안 돼'라는 말로 아이를 꾸짖습니다. 하지만 이미 말씀드린 것처럼, AS의 특성이 있는 아이의 경우, 단지 '안 돼'라는 말만으로는 '어떻게 해야 하는지' 모를 수 있습니다.

별도의 기회에 다시 설명하는 것도 좋지만, 부모가 '긍정문으로 말하는 연습'을 해보는 것도 한 가지 방법입니다. 잘 연습해서 자녀에게 그때그때 적절한 행동을 설명할 수 있으면 혼내지 않고도 해결되는 일이 늘어날 것입니다.

● '긍정문으로 말하는 연습'의 바꿔 말하기 예시

밖에 나가면 안 돼 → 이쪽으로 오렴

거기는 올라가면 안 돼 → 내려오렴

뛰면 안 돼 → 걸어가자

일어서면 안 돼 → 앉아 있자

꾸물대면 안 돼 → 조금 빨리 움직이자

손 놓으면 안 돼 → 손 꼭 잡으렴

떠들면 안 돼 → 작은 소리로 얘기하자

딴 곳 보면 안 돼 → ○○ 쪽을 볼까

지금은 그거 하면 안 돼 → ○○하고 나서 하자

잡담하면 안 돼 → 말은 잠시 후에 하자

때리면 안 돼 → 말로 이야기하렴

질질 끌면 안 돼 → 몇 분 후면 끝낼 것 같아?

하면 안 돼 → ○○하는 편이 더 멋져

떨어뜨리면 안 돼 → 꼭 잡고 있으렴

바닥에 놓으면 안 돼 → 테이블 위에 놓아두렴

던지면 안 돼 → 조심스럽게 집어서 살며시 놓으렴

그쪽은 가까이 가면 안 돼 → ○○ 부근에 있으렴

잊어버리면 안 돼 → 내일 준비물은 잘 챙겨두렴

꾸중 힌트 ④ 아이와 거래하지 않는다

부모와 자녀 사이에 '이걸 다 마치면, 게임을 해도 돼'처럼 거래하는 경우가 많은데요, 저는 그런 거래를 권장하지 않습니다. 왜냐하면 그런 거래에는 '이걸 하지 않으면, 게임기를 빼앗긴다'는 벌칙이 적용되기 쉽고, 벌칙을 잘 활용하기도 어렵기 때문입니다.

마침 아이에게 적합한 규칙을 세워서 문제없이 운용할 수 있다면 다행이지만, 규칙이 너무 엄격하거나 느슨하면 말다툼의 꼬투리가 될 수 있습니다.

지키지 못할 것 같은 규칙이라면 아이는 불만을 품게 되고, 불평이 많아지게 되겠지요. 그래서 냉정하게 서로 의견을 주고받을 수 있다면 좋겠지만, 이견을 조율하는 과정에서 아이를 심하게 꾸짖는 일도 있을 것입니다. 여러 가지 이유로 충돌하면서 규칙을 바꾸다가 결국 거래가 흐지부지되었다는 이야기도 자주 듣습니다. 그렇게 되면 결과적으로 꾸중만 늘어나고 가르치는 효과가 없어지겠지요. 거래는 되도록 피하는 것이 좋습니다.

꾸중 힌트 ⑤ **장난은 꾸짖지 않고 넘긴다**

아이의 장난을 꾸짖지 않는 것도 하나의 요령입니다.

예를 들면 사람들 앞에서 배를 내민다거나, 엉덩이를 드러내면서 장난을 치는 아이가 있습니다. 그런 아이에게 부모가 일일이 끼어들어 나무라면, 부모의 반응이 재미있어서 더 심하게 장난을 치는 경우도 있습니다. 그런 아이는 부모의 관심을 끌고 싶어서 엉덩이를 드러내는 행동을 하기도 합니다.

그런 경우에는 '꾸짖지 않기'가 가장 좋은 대처입니다. 꾸짖어도 행동이 달라지지 않는 아이는 어떻게 하면 자발적으로 그만두게 할 수 있을지 생각해봅니다. 아이가 부모의 반응을 보고 즐거워한다면 반응하지 않고 넘어가는 것이 가장 좋은 방법입니다.

아이가 배를 내밀거나 엉덩이를 드러낼 때 '뭐야 ~?' 하면서 차갑게 반응하면 됩니다. 그렇게 하면 아이는 '이런 건 해봤자 소용없네'라고 느끼게 됩니다. 그리고 뭔가 다른 즐길 거리를 찾게 됩니다.

꾸중 힌트 ⑥ 위험한 장난은 몸을 써서라도 막는다

아이들 장난 중에는 칼에 손을 대는 위험한 행동도 있습니다. 그런 행동을 그냥 지나쳐서는 안 됩니다. '위험한 거야', '만지면 안 돼'라고 주의를 주어 중단시킬 필요가 있습니다. 다만 말로 했을 때 받아들여주면 좋겠지만, 아이에 따라서는 즉시 받아들이지 못하는 경우가 있습니다. 예를 들면 어린아이의 경우, 위험성을 아직 잘 인지하지 못하는 경우가 있습니다. 또 어느 정도 성장한 아이라도 말로 한 번 이야기해서는 행동을 개선하지 못하는 아이도 있습니다. 그런 경우 위험한 장난을 한다면 몸을 던져서라도 저지해야 합니다.

아이가 칼 같은 물건에 손을 대려고 할 때 '위험해' 하고 주의를 주면서, 그 아이의 손을 잡고 멈추게 합니다. 그리고 위험한 물건은 아이의 손이 닿지 않는 곳에 둡니다.

꾸중 힌트 ⑦ 아이를 칭찬할 기회를 늘린다

마지막으로 다소 역설적인 힌트입니다. 아이를 칭찬해줄 만한 관계 방식을 늘려가면 꾸짖는 일이 줄어듭니다.

장난으로 부모의 시선을 끌려고 하는 아이는 그 밖에 마땅한 방법을 생각해내지 못하면 장난이 심해지기도 합니다. 그런 아이에게 적절한 행동을 취하는 방법을 가르쳐주면 장난은 줄고, 꾸짖고 싶어지는 마음도 줄어들겠지요.

예를 들면, 평소에 친근한 태도로 '함께 놀자'고 권유하는 모습을 보입니다. 아이가 부모의 모습을 그대로 보고 배워서, 장난이 아니라 그 아이 나름의 방식으로 친구에게 함께 놀자고 권유했을 때 가볍게 칭찬해줍니다. 그런 식으로 '사회적이고 긍정적으로 보이는 행동'을 구체적으로 가르쳐주면, 적절한 행동이 늘면서 결과적으로 꾸짖을 일이 줄어듭니다.

꾸중 포인트 '부모의 진심이 시험대에 오른다'

꾸중법과 관련해 소개해드린 몇 가지 힌트 중에 '장난은 무시해야 진정된다'는, 대응법에 따라 꾸짖지 않고 해결하는 예시가 있었습니다. 실제로 그런 케이스는 꽤 자주 있습니다.

'꾸중법' 해설의 첫머리에서, 꾸중을 적절히 활용하는 사람은 실제로 잘 꾸짖지 않는다는 말씀을 드렸습니다. 그런 사람은 '아이의 행동이 개선되려면 어떻게 해야 좋을지' 진지하게 생각합니다. 그래서 '장난은 무시하는' 방법으로 대응하는 것입니다.

실제로 아이의 행동을 개선하는 최선의 방법은 '꾸중'이 아닐 때가 압도적으로 많습니다. **'행동을 유발하는 환경을 만들지 않고', '위험해 보이면 몸으로라도 저지하는', 꾸중보다 더 효과적인 방법**이 있습니다. 꾸중에 대해 진지하게 생각하다 보면, 이런 사정을 조금씩 깨달을 수 있습니다.

물론 어쩔 수 없이 꾸짖어야 할 때도 있겠지요. 아주 안 할 수는 없습니다. 꾸짖어야 할 때도 있고, 굳이 꾸짖을 필요가 없을 때도 있습니다. 그런 부분을 조금씩 깨달아가야 합니다. 그렇게 꾸짖을 일을 줄여가면 꾸중도 적절히 활용하게 됩니다.

꾸짖을 일을 줄이기 위해서는 아이의 행동 패턴을 진지하게 고민해야 합니다. 꾸중법을 재검토할 때는 부모의 진심도 함께 시험대에 오르는 것입니다.

'칭찬·꾸중'에서 '칭찬·칭찬 안 하기'로

꾸짖을 일에 대해 깊이 생각해보고 꾸짖는 횟수를 줄여간다면, 결국 아이를 거의 혼내지 않게 되고, '칭찬하거나 꾸짖기'보다는 '칭찬하거나 하지 않는' 대응으로 바뀔 수 있습니다.

아이가 자율적으로 몰두하는 일은 칭찬해줍니다. 자주 칭찬하면서 적절한 방법도 가르쳐줍니다. 아이가 적절하지 않은 일을 하고 있다면, 꾸짖기보다 환경을 바꿔주는 대응을 합니다. 그러면 아이는 칭찬받은 일을 적극적으로 하려 들게 되고, 그런 행동을 중심으로 생활하게 됩니다. 문제도 별로 일어나지 않으니, 꾸짖을 필요가 없어집니다.

누구에게나 그렇게 잘되지는 않겠지만, 꾸짖을 일에 대해 다시 생각해보고 필요 이상으로 과한 꾸중을 줄여간다면 육아가 편해질 수 있습니다. 그런 상상을 하면서 '칭찬법과 꾸중법'을 재고해봅니다.

대략적인 칭찬법과 꾸중법을 해설하는 김에 한 가지 사례를 더 소개하겠습니다. 이런 상황을 맞는다면 여러분은 아이를 어떻게 칭찬하거나 꾸짖으시겠습니까? 나라면 어떻게 했을지 상상하며 읽어보시기 바랍니다.

사례 4 숙제가 틀렸다고 지적하면 화를 내는 아이

D는 초등학교에 다니는 여자아이입니다. 공부하기를 싫어하고 숙제도 아주 싫어합니다. 혼자서는 좀처럼 속도가 나지 않아, 부모가 늘 곁에서 지켜보며 도움을 주고 있습니다. 하지만 부모가 옆에서 잘못을 지적하면 점점 더 화를 내기도 합니다.

부모는 D가 혼자서 숙제를 해내기만 하면 다소 실수가 있더라도 칭찬해주겠다고 마음먹지만, 그런 일은 좀처럼 없습니다. '너무 꾸짖지 말아야지' 다짐하면서 문제의 바른 풀이법을 부드럽게 설명하려고 애쓰지만, D가 "시끄러워!"라고 대

답하면 그만 혼을 내게 됩니다.

이런 상황에서는 어떤 칭찬법이나 꾸중법이 좋을까요.

해설

아이가 잘못을 지적당할 때 짜증을 내는 것은 숙제에 대한 부담감이 심하다는 증거이며, 그 아이에게는 너무 어려운 과제입니다.

버거운 공부에 매달려 어려운 문제를 열심히 풀고 있는데, 잘못했다는 말을 들으면 화가 나는 것은 당연합니다. D의 잘못이 아닙니다. 열심히 가르치는 부모의 잘못도 아닙니다. 잘못된 것은 숙제입니다.

숙제 설정이 잘못되어 아이를 마냥 고통스럽게 하고 있습니다. 거의 학대라고 말해도 될 정도입니다.

D의 사례에서 부모의 칭찬법이나 꾸중법에는 문제가 없습니다. 아이가 나름의 방식으로 숙제했을 때 칭찬해준다는 생각은 적절한 칭찬법입니다. 다소 실수가 있더라도 칭찬해준다는 생각도 좋습니다. 지나치게 혼내지 않고 가르치겠다는 생각 역시 아이를 잘 배려하고 있습니다. 서로 말을 하다 보면 감정적으로 꾸짖게 되는 일도 있겠지만, 그것은 어쩔 수 없는 일입니다.

안타까운 일이지만 이 사례처럼 칭찬과 꾸중의 문제가 아닐 때도 있습니다. 그런 경우는 환경을 조성해주는(이 경우는 숙제의 수준을 아이에게 맞춰주는) 대응을 할 수밖에 없습니다.

숙제는 가능한 데까지 하면 OK, 틀린 곳이 있어도 OK라고 해줍니다. 본인 나름대로 해냈다면 OK입니다. 경우에 따라서는 부모가 도움을 주었어도 OK라고 생각합니다. 아이가 어떤 형태로든 해냈다면 '훌륭해'라는 칭찬으로 마무리합니다.

다만 계속 그렇게 하다 보면, 언제까지나 본인 자신에게 맞는 공부를 할 수 없습니다. 타이밍을 보면서 학교 측과 상담하는 것도 필요합니다(현실적으로는 숙제를 조절해주지 않는 학교도 있습니다만).

저는 이런 사례를 학대와 다름없다고 생각하며, 학교 측은 숙제의 분량이나 난이도를 조절해주어야 한다고 생각합니다.

가장 좋은 방법은 숙제의 내용에 변화를 주는 것입니다.

숙제가 아이의 실력에 적합하다면, 아이는 실수를 지적당하더라도 '아, 그런가', '내가 틀렸네' 하고 수긍하면서 답을 정정합니다. 이따금 틀리는 건 그 아이에게 대단한 문제가 아니기 때문입니다. 그런 경우에는 틀린 걸 지적해주고, 바른 해답을 찾는 방법을 가르치는 것도 대응법으로 문제가 없습니다.

능력 부족은 꾸짖으면 안 된다

아이가 숙제를 계속 틀리고, 꾸짖어도 개선이 안 되는 이유는 문제가 너무 어렵기 때문입니다. 다시 말해서 아이에 대한 기대치가 높기 때문입니다.

그 숙제는 지금 그 아이에게 가르쳐야 할 수준이 아닙니다. 따라서 틀렸다고 꾸짖을 일이 아닙니다.

아이가 뭔가를 잘하지 못할 때, 부모나 교사는 '집중해서 실력을 발휘하면 실수 없이 잘할 수 있어'라고 말하곤 하지만, 아이는 자신의 실력에 적당한 문제라면 그렇게 틀리거나 하지 않습니다. 아이에게는 높은 난도이기 때문에 필사적으로 해도 실수가 나오는 것입니다. 그것이 실력이라는 걸 이해하고, 적절한 과제를 내주어야 합니다.

저는 부모나 교사는 아이의 능력 부족을 꾸짖어서는 안 된다고 생각합니다.

아이가 시험에서 실수하면 '부주의로 인한 실수'이니, '좀 더 집중해야지' 하고 꾸짖는 사람이 있습니다만, 그것은 잘못된 행동입니다. 부주의한 실수도 실력의 일부입니다. 문제의 난도가 높으면 주의를 기울여야 할 부분이 많아져서 어쩔 수 없이 부주의해지고, 실수하게 됩니다. 그것이 그 아이의 실력이므로 꾸짖는 것은 잘못입니다.

저도 초등학교 시절에 공부를 꽤 하는 편이었습니다. 실수도 거의 없었습니다. 하지만 중·고등학교는 일류 대학 진학을 목표로 하는 학교에 다녔기 때문에, 학습 내용의 난도가 높아지다 보니 시험에서 실수가 늘었습니다. 그러다 대학에서는 실력이 하위에 머물면서 시험은 늘 실수투성이였습니다. 성적표도 참담했습니다. 실수라는 건 그런 것입니다. 자신의 실력과 과제의 불균형 때문에 실수가 생기는 것입니다.

아이가 실수했을 때 능력이나 노력 부족을 탓하는 꾸중은 삼가야 합니다. 그보다는 과제를 조절해주어 아이가 잦은 실수 없이 다양하게 배울 수 있도록 배려해주시기 바랍니다.

비고츠키의 '근접발달영역'

이미 설명한 것처럼, 꾸짖는다는 건 뭔가를 가르치는 것이기도 합니다. 꾸짖어도 개선이 안 된다는 건 가르쳐도 이해하지 못하는 부분이 있기 때문입니다.

몇 번 꾸짖어도 아이의 행동이 개선되지 않는다면, 그 아이는 아직 그 내용을 배울 단계가 아니라고 생각합시다.

아이에게는 그 아이에게 적절한 과제가 있습니다. 아이의 발달 단계에 따라 배울 수 있는 것이 다릅니다. 그런 단계를 **'근접발달영역**Zone of Proximal Development'이라고 합니다. 이것은 구소련의 심리학자 레프 비고츠키Lev Vygotsky가 제창한 인지 발달 이론으로, **아이에게는 자력으로 도달할 수는 없지만, 타인의 도움을 받으면 문제 해결이 가능한 영역**이 있다는 것을 나타내고 있습니다.

어른이 그 영역을 잘 발견해주고 아이에게 도움을 주면서 가르친다면, 아이는 다양한 영역을 쉽게 배우게 된다는 것입니다.

발달장애 아이는 다양한 특성이 있어서 '근접발달영역'이 평균적인 아이와 다릅니다. 그 점을 생각하지 못하고 '상식적', '평균적'인 육아를 지향한다면, 아이를 힘들게 할 수 있습니다.

꾸짖어도 개선되지 않는다면 지금 주어지는 과제가 그 아이의 '근접발달영역'에 들지 않는 단계라고 볼 수 있습니다. 그런 경우에는 **꾸짖기보다 먼저 과제를 다시 살펴볼 필요**가 있습니다. 숙제가 아이에게 너무 어려운 것입니다.

파란 딸기의 예시와 '근접발달영역'

1장의 질문에서 '익지도 않은 파란 딸기를 따버린 아이가 크기의 차이를 깨달았다'는 예시를 소개했습니다(19페이지). 그 문제의 정답으로 크기의 차이를 알게 된 점만 칭찬하고 딸기를 딴 행위는 꾸짖지 않는다는 대응법을 말씀드렸는데요, 그런 방법이 '근접발달영역'을 제대로 살핀 대응입니다.

그 아이에게는 크기의 차이를 배우는 것이 지금 꼭 알맞은 과제입니다.

발달 단계에 비해 딸기를 다루는 것이 과제로서는 조금 이릅니다. 아직 어려운 것은 가르치지 말고 딸기를 감추는 방법으로, 지금 막 배우려고 하는 대소 개념의 습득을 칭찬하는 형태로 서포트합니다.

아이가 성장해서 '파랑과 빨강이라는 색의 개념', '식물이 자랄 때의 변화' 등을 배운다면, 그때 '딸기는 빨갛게 되면 따는 거야'라고 다시 가르쳐주면 됩니다.

도움을 받으면 해결할 수 있는 '근접발달영역'

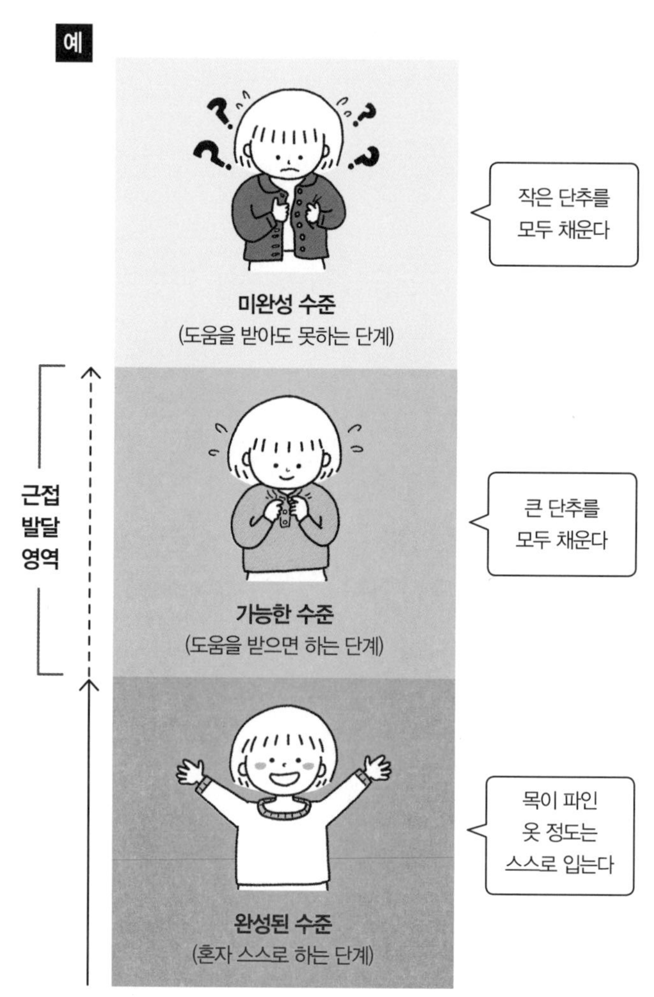

발달장애 아이 칭찬법·꾸중법 정리

솔직히 말하면 방법은 중요하지 않다

지금까지 다양한 칭찬법·꾸중법에 대한 방법론을 이야기했는데요, 마지막으로 솔직하게 말씀드리면 '방법'은 중요하지 않다고 생각합니다.

아이를 칭찬하고 꾸짖을 때 '상황을 진정시켜야 한다면 형식적으로 꾸짖어도 좋다'는 기술론을 참고만 해주길 바라는 이유는 나름대로 좋은 방법이라고 하더라도 테크닉만으로는 한계가 있기 때문입니다.

꾸중법 해설에도 적었습니다만, 아무리 테크닉을 배운다고 해도 부모도 인간이기 때문에 화가 나서 아이를 감정적으로 꾸짖을 수 있습니다. 그런 식의 꾸중이 잦다면, 부모 자신의 스트레스에 대처하는 것도 필요합니다. 칭찬법·꾸중법이라는 방법론이 아니라, 부모의 인생론을 한번 생각해볼 필요가 있습니다.

부모가 본인의 업무나 인간관계에서 어려움을 겪고, 그 어려움이 아이에게도 영향을 끼치게 되면 부모와 자녀 모두 연쇄적 악순환에 빠질 수 있습니다. 그래서 부모는 자신도 모르게 아이를 꾸짖는 일이 많아지기도 합니다. 그런 경우에는 꾸중 방식을 돌아보기 전에 부모가 자신을 먼저 돌볼 필요가 있습니다. **자녀도 힘든 점이 많겠지만, 부모**

도 그 이상의 노력은 불가능하기 때문입니다. 저는 그런 사람에게까지 '칭찬법·꾸중법을 좀 더 강구해봅시다'라고 말할 수는 없습니다.

이 책의 내용이 육아에 참고는 되겠지만, 다양하게 실천해보는데도 잘 안 되거나, 애초에 실천할 여유조차 없다면 혼자 애쓰지 말고 발달 전문가에게 상담받기 바랍니다.

아이는 어른의 '본심'을 꿰뚫고 있다

'방법은 중요하지 않다'고 생각하는 이유는 한 가지가 더 있습니다.

칭찬법의 키워드는 '속셈', 꾸중법의 키워드는 '진심'이라고 했는데요, 아이는 방법이 아니라 부모의 '속셈' 혹은 '진심'을 봅니다. 단지 방법만 바꾼다면 아이에게 본심을 들켜버릴지도 모릅니다.

예를 들면, 부모와 자녀가 함께 손을 잡고 걷는데, 갑자기 아이가 손을 뿌리치고 달려나가다가 넘어져서 다칩니다. 어른은 아이가 달려나갈 때 '위험해'라는 주의를 주며 달리기를 멈추려고 하겠지요. 하지만 개구쟁이 아이는 어른의 말을 듣지 않습니다. 그래서 주의를 주어도 뛰쳐나가다가 결국은 넘어집니다. 이때 어른은 '봐라, 그러니까 내가 뭐랬니'라고 말하기 쉽습니다. '위험해'라고 주의를 주었는데도 넘어졌으니 '내 말을 듣지 않은 너의 잘못이다, 다음부터는 말을 잘 듣도록 해'라는 태도를 보이는 거지요.

그러나 아이 쪽에서 보면, 부모는 자신이 달려나갔을 때 겨우 한마디만 했을 뿐, 진심으로 무얼 가르쳐주지도 않았으면서 자신이 넘어지고 사고를 당하니까 다가와 괜히 화를 내고 있다고 느끼지는 않을까요.

아이는 대부분 그렇게 말로만 주의를 주는 사람의 말은 신중하게 듣지 않습니다. 그러니 또 언젠가는 똑같은 일이 반복되겠지요.

만약 아이가 급하게 달려나갈 때 위험하다고 판단된다면, 몸으로라도 막아서 멈추게 할 필요가 있습니다. 손을 꼭 잡고 떨어지지 않도록 하거나, 아이가 손을 놓고 달려나가려고 하면 쫓아가서 아이를 보호합니다. 그렇게 진심을 보이면 아이에게 '급하게 달려나가지 않기를 바라는' 부모의 마음이나 말이 잘 전달됩니다.

부모는 무력한 존재, 아이를 바꿀 수 없다

더 솔직히 말하면, 부모는 무력한 존재입니다. 부모와 자녀는 서로 다른 인간입니다. 노골적으로 말하면 부모가 칭찬이나 꾸중을 조정한다고 해도 아이를 완전히 바꿀 수 없습니다. **아이는 자신이 달라지고 싶을 때 달라집니다.** 부모는 아이를 칭찬하거나 꾸짖으면서 도움을 주는 정도밖에 할 수 없습니다. 그런 생각으로 육아를 하는 것이 좋습니다. 거꾸로 말하면, 칭찬법이나 꾸중법을 조정했는데도 잘되지 않는다고 해서 실망할 필요가 없다는 말입니다.

부모와 자녀를 함께 상담하다 보면, 부모가 "이 아이는 전혀 반성하지 않아요", "선생님도 주의를 좀 주세요"라는 말을 할 때가 있는데요, 저도 아이가 반성하도록 주의를 줄 자신은 없습니다.

아이를 변화시키는 건 불가능하지만, 부모와 자녀의 이야기를 듣고 함께 원인을 생각해볼 수는 있습니다. 그렇게 하면 아이가 그때보다 조금이라도 수월하게 생활할 수 있고 부모도 편해질 수 있습니다. 그 지점을 목표로 여러분과 함께 이야기를 나누고 있습니다.

높은 기대치를 버리면, 꾸짖지 않아도 된다

이 책에서 아이에게 어려운 숙제를 시키는 이유는 기대치가 높기 때문이라고 적었는데요, 부모가 자녀에 대해 '전혀 반성을 안 해', '이 정도쯤은 해야지'라고 생각하는 마음도 높은 기대치입니다.

'딸(아들) 바보'라는 말도 있듯이, 부모라는 사람은 자신의 아이를 높이 평가하고 기대도 많이 하기 마련입니다. 아이가 '반성을 안 한다'고 생각하는 건 어떤 의미에서는 어쩔 수 없는 일입니다.

중요한 것은 그런 기대가 채워지지 않았을 때 '아, 나의 기대치가 조금 높았나 보다'라고 생각하고 궤도를 수정하는 일입니다. 높은 기대치를 버리면 됩니다. 궤도를 수정하지 못하고 계속 기대치를 높이다 보면, 아이를 필요 이상으로 꾸짖게 됩니다. 궤도가 수정되면 꾸짖지 않아도 됩니다.

육아의 바탕에는 '부모가 욕심을 부려서는 안 된다'는 명제가 있습니다. 특히 발달장애 아이는 부모가 욕심이 있을수록 아이의 특성이나 그 아이가 원하는 것을 못 보게 되어, 모든 일이 좋지 않은 방향으로 흐르는 경우가 많습니다. 쉽지는 않겠지만, 높은 기대치는 버리도록 합니다.

높은 기대치를 버리라는 말에 '아니, 나는 그렇게까지 크게 기대하지 않는데'라고 느끼는 사람도 있을 겁니다. 오히려 그런 사람이 많겠지요.

그러면 **기대치가 높다는 건 어떤 걸까요?** 그림으로 그려본 다음 페이지를 봐주시기 바랍니다. 세로축은 '아이의 퍼포먼스 정도'를 나타내고 있습니다. 아이가 뭔가 활동했을 때의 완성도입니다. 가로축은 시간의 경과를 나타냅니다.

꺾은선으로 표시된 것처럼 아이의 퍼포먼스는 높게 발휘될 때도 있지만, 잘 안될 때도 있습니다. 아이의 활동에는 기복이 있는 법입니다. 특히 발달장애 아이는 퍼포먼스의 기복이 심해지는 경향이 있습니다. 환경이 안정되면 잘 지내다가도, 그렇지 않으면 매우 힘들어지기도 합니다.

아이가 기복 있는 퍼포먼스를 보일 때는 부모가 아이에게 무의식적으로 목표 라인을 긋고 있습니다. 그것이 가로선으로 나타낸 것입니다.

맨 위의 ①은 '이상적인 라인'. 언제나 좋은 결과가 나오는 최고봉 라인입니다. 부모가 아이에게 여기까지의 성과를 바라는 일은 정말

'아이의 퍼포먼스'와 '부모의 높은 기대치'

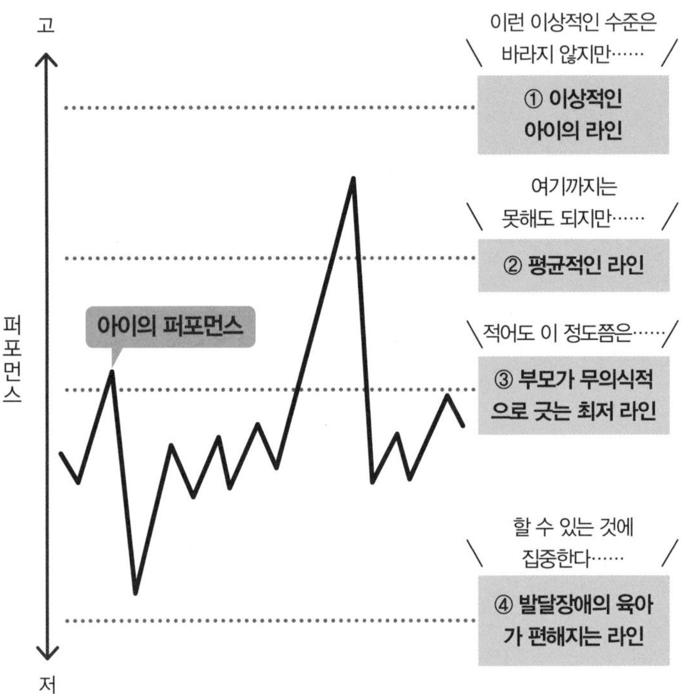

세로축은 '아이의 퍼포먼스', 가로축은 '시간'을 나타낸다. 꺾은선 그래프가 나타내는 것처럼 아이의 퍼포먼스는 높을 때도 있지만 낮을 때도 있고, 활동 성과에는 기복이 있다.

드물지도 모릅니다.

위에서 두 번째 ②는 '평균적인 라인'입니다. 다른 아이와 비교했을 때 이 정도까지 할 수 있다면 뒤지지 않는다고 보는 라인입니다.

③은 '적어도 이 정도쯤을 기대하는 라인'. 평균까지는 아니어도 좋지만, 적어도 이 정도까지는 해주었으면 하고 바라는 좀 낮은 기대치입니다.

맨 아래의 ④는 '육아가 편해지는 라인'. 목표나 기대치를 정하지 않고, 아이의 성장을 느긋하게 지켜보는 라인입니다.

여러분은 이 중에서 어느 라인이 '높은 기대치'라고 생각하십니까?

부모가 생각하는 높은 기대치, 아이가 느끼는 높은 기대치

정답은 ③입니다. 여러분이 상상한 '높은 기대치'와 일치했나요?

'이상적인 수준은 바라지도 않는다. 평균까지는 아니어도 좋지만 적어도 이 정도는 해주길' 바라는 것이 높은 기대치입니다.

114페이지의 그림에는 아이의 퍼포먼스가 평균을 밑돌 때가 많습니다. 그런 상황에서 ①**의 이상적인 수준이나** ②**의 평균적인 수준을 바라는 것은 상당히 높은 기대치**입니다. 대부분의 부모가 거기까지는 바라지 않으리라 생각합니다.

그래서 부모는 평균보다는 약간 아래로 목표를 설정하고 레벨도 꽤 낮췄다고 생각하겠지만, 그래도 아이에게는 여전히 높은 목표일 수 있습니다.

이 그림에 등장하는 아이의 퍼포먼스는 라인 ③보다 조금 아래일 때가 많아서, 늘 라인 ③을 넘어서기가 쉽지 않았을 것입니다. 부모로서는 많이 타협한 지점이라고 생각하겠지만, 아이에게는 라인 ③도 높은 기대치입니다. 실제로 이 아이에게 라인 ③을 기대한다면 많이 힘들어질 것입니다.

부모는 무의식적으로 '하한선'을 긋는다

실제로 대부분의 부모는 무의식적으로 ②, ③과 같은 라인을 긋고, 아이를 지켜봅니다. 아이의 상태를 보면서 '이 아이가 이 정도는 되겠지'라는 생각을 무의식적으로 하면서, '최저 라인'을 긋게 됩니다. '평균까지는 바라지 않지만, 이 정도의 힘은 발휘할 수 있기를', '잘해내는 일도 있으니, 노력하면 여기까지는 가능하겠지' 하는 기대치를 머릿속에 심어두고, 그것을 기준으로 아이의 퍼포먼스를 바라보게 됩니다.

이 라인이 운 좋게 아이의 실태보다 낮으면 좋겠지만, 대부분의 부모는 아이에게 기대를 하며 조금 높게 라인을 긋기 마련입니다. 평균치를 기준으로 선을 긋는 경우도 많이 있습니다. 이렇듯 기대와 평균을 정해놓고 라인을 그으면, 발달장애 아이처럼 개성적인 퍼포먼스를 하는 아이에게는 혹독한 라인으로 느껴질 것입니다.

'하한선'을 낮추는 것이 포인트

발달장애 아이 양육에서 중요 포인트는 기대치의 최저 라인을 아이에 맞춰 낮추는 것입니다. 앞 그림에 예시된 아이의 경우, 퍼포먼스가 낮을 때도 있으므로 그보다 낮은 ④를 최저 라인으로 삼는 것이 좋겠습니다.

부모가 '④ 정도의 라인이 가능하다면 OK'라고 마음먹을 때, 아이는 안심하고 다양한 활동을 할 수 있습니다. 자기 나름의 방법을 늘 인정받고 있으니 뭐든 자유롭게 시도할 수 있습니다. 부모도 아이의 방식을 기본적으로 수용하고 있으므로 지나치게 칭찬하거나 꾸짖지 않게 됩니다.

그런 의미에서 꼭 달성해야만 하는 '최저 라인'보다 이 정도면 됐다 하는 'OK 레벨'로 인식하면 좋겠습니다.

'OK 레벨'을 조금 낮게 설정해서, 아이의 노력을 긍정적으로 받아들입니다. 본인이 매우 잘했다고 생각하며 성취감을 느낄 때는 그 마음에 공감하고 칭찬합니다. 잘 안되는 부분이 있어도 일일이 지적하지 않습니다. 본인이 나름대로 열심히 하고 있다면 OK, 뭔가 어긋나는 일이 있을 때는 적절한 방법을 가르쳐줍니다. 높은 기대치를 버리고 최저 라인 = OK 레벨을 낮추면, 적당히 칭찬하고 꾸짖을 수 있습니다.

'적어도 이 정도쯤은'이라는 말은 NG

높은 기대치를 버리면 공연한 욕심도 없어지고, 아이를 있는 그대로 칭찬하게 됩니다. 그 아이 나름대로 노력했을 때, 진심으로 '해냈구나!' 하고 말할 수 있습니다. 또 아이에게 지나친 기대도 안 하게 되고 꾸짖을 일도 줄어듭니다. 뭐든 주의를 줘야 한다는 생각에서 벗어나니, 어떻게 하면 아이의 행동이 개선될 수 있을까만 차분히 생각할 수 있겠지요.

2장에서 언급한 육아 포인트 중에 '적어도 이 정도쯤은'이라는 말은 NG 표현이라고 말씀드린 것은 이런 높은 기대치를 버리라는 이야기와도 연결되어 있습니다. '적어도 이 정도는 해주길' 바라는 높은 기대치를 버리면 칭찬이나 꾸중 방식도 달라집니다. 아이의 마음에 가닿는 칭찬과 꾸중이 가능해집니다. 그러므로 '적어도 이 정도쯤은'이라는 말은 NG 표현입니다.

사회의 평균치를 참고로 한 '적어도'라는 기준을 버리고, '이 아이는 어떻게 하고 싶은 걸까', '어떤 모습으로 성장할까' 생각하면서, 아이가 주인공이 되는 육아를 합니다. 그러다 보면, 칭찬도 꾸중도 적절히 잘 활용할 수 있습니다.

칭찬법·꾸중법은 방법론이라기보다 부모의 자세로 완성됩니다. 열심히 연습하지 않아도 생각을 바꾸면 조금씩 달라집니다. 칭찬법이나 꾸중법으로 고민하는 사람은 높은 기대치를 버리도록 노력해보시기 바랍니다.

부모가 무의식적으로 긋고 있는 최저 라인(='적어도 이 정도쯤은')

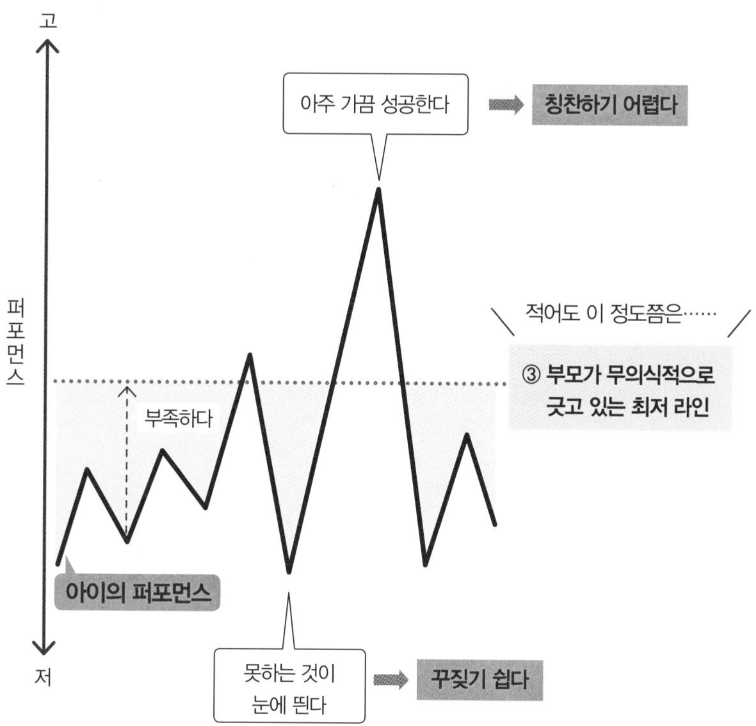

'적어도 이 정도쯤은' 하겠지 하고 기대하면 칭찬할 기회는 적고 꾸짖는 순간이 많다. 늘 아이의 실력보다 높은 목표를 지향하게 된다.

'적어도 이 정도쯤은' 하겠지 하는 기대를 조금씩이라도 줄여갑니다. 그것이 칭찬법·꾸중법을 바꾸기 위한 첫걸음입니다. 조금씩 실천해봅시다.

칭찬법·꾸중법 Q&A

칭찬법이나 꾸중법 이야기를 할 때, 부모나 교사로부터 받은 질문 몇 가지를 마지막으로 Q&A 형식으로 소개합니다. 참고하시기 바랍니다.

Q1 칭찬 타이밍이 헷갈릴 때는?

A 모르면 모르는 대로 대응하면 OK

지금까지 '아이의 마음에 공감하며 칭찬한다'는 방법을 소개해드렸는데요, 아이의 마음을 읽어내기가 어려워서 칭찬할 타이밍을 알기 힘들 때도 있을 것입니다.

또 감정 표현이 그다지 선명하지 않은 아이도 있습니다. 그래서 부모가 아이의 표정 변화를 알아내기 힘든 케이스도 있을 것입니다. 그런 경우, 적절한 타이밍에 아이를 칭찬하기가 어려울 수 있습니다. 해보다가 잘 안된다면 그 이상 무리하지는 마세요. 부모도 잘 안되는 것을 무리하게 애쓸 필요는 없습니다.

표정에서 마음을 읽기가 어려운 경우에는 아이가 '다 했다' 같은 말로 표현할 때, 박수나 승리 세리머니를 할 때, 자신이 좋아하는 취미 이야기를 하고 있을 때처럼 아이의 성취감이 어떤 형태를 띠며 표출될 때 칭찬해봅니다. 때때로 그런 순간을 포착할 때가 있을 것입니다. 그럴 때 슬쩍 말을 건네주세요. **아이가 자랑스레 말을 걸어올 때 '참 잘했구나' 하고 대답해주는 것도 좋습니다.**

아이가 자기 나름의 방법을 찾아가는 것처럼, 부모도 자신이 할 수 있는 범위에서 나름의 방법으로 대응하면 좋겠습니다.

Q2 갑자기 태도를 바꿔도 될까?

A 좋은 변화라면 기본적으로는 문제없습니다

칭찬법·꾸중법에 변화가 필요하다고 느꼈을 때, '갑자기 태도를 바꾸면 아이가 혼란스럽지 않을까' 걱정될 수 있습니다. 부모의 말투가 갑자기 달라진다면 아이는 분명 당혹스러울 수도 있겠지요.

다만 '아이가 칭찬을 원할 때는 적극적으로 칭찬한다', '꾸짖는 일을 줄인다' 같은 좋은 방향의 변화라면 기본적으로는 문제없습니다. 처음에는 서로 혼란스러울 수도 있지만, 조금씩 익숙해질 것입니다.

중요한 점은 방식을 바꾸려면 흔들리지 말고 지속하는 것입니다. 부모의 자세에 일관성이 있어야 아이가 '이럴 때는 칭찬받는다', '이런 건 하면 혼이 난다'는 것을 이해합니다. 그러면서 아이의 기분이나 행동에도 일관성이 보이기 시작합니다. 다양한 활동에 안심하고 집중할 수 있게 되지요.

물론 시도해보고 잘 안될 때는 재고도 필요하겠지만, 딱히 문제가 없을 때는 흔들리지 말고 계속하기 바랍니다.

Q3 '칭찬 담당', '꾸중 담당'을 정하는 것이 좋을까?

A 결과적으로 역할을 할 수 있다면 좋다고 생각합니다

가족을 상담하다 보면, 양친 중 어느 한쪽이 늘 아이를 꾸짖는 바람에 또 다른 한쪽은 '칭찬 담당' 역할을 맡고 있다는 이야기를 자주 듣습니다. 그런 역할 분담이 부모와 자녀의 관계에 안정감을 준다면 나름대로 괜찮다고 생각합니다.

결과적으로 그런 역할을 하게 되는 것은 좋지만, 먼저 역할을 정해 놓고 그에 맞추는 방법은 추천하지 않습니다. '칭찬을 담당했으니, 가능한 한 칭찬을 해야지'라고 마음먹으면, 칭찬이 불필요한 상황에도 공연히 칭찬하게 됩니다. 그러면 효과가 없어질 가능성도 높겠지요.

부모도 각자의 개성이 있습니다. '칭찬 담당' 역할의 수행이 성격상 맞지 않을 수도 있습니다. 각자 나름의 칭찬법이나 꾸중법을 실천하면서, 결과적으로 특정 역할을 수행하게 되는 경우도 있다고 생각하는 것이 좋습니다.

Q4 조부모도 같은 방식으로 아이를 대하는 것이 이상적일까?

A 가족 모두가 방침을 통일할 필요는 없습니다

'조부모가 아이를 과하게 칭찬한다'거나 '지나치게 꾸짖는' 문제로 상담을 의뢰하는 일도 있습니다. 조부모에게도 적절한 칭찬법이나 꾸중법을 알려주는 것이 좋은지는 경우에 따라 다릅니다.

조부모가 아이를 지나치게 꾸짖는다면, 함께 이야기해보는 것이 좋습니다. 아이의 특성을 알려서 '이러한 점에 대해 지나치게 꾸짖지 않기를 바란다'고 말하는 것도 하나의 방법입니다. 다만 어디까지 이해받아야 좋을지는 아이의 특성, 가족의 관계성, 조부모의 스타일, 조부모와의 접촉 빈도 등에 따라 달라집니다. 개별적으로 판단할 수밖에 없습니다.

어떤 경우든 **가족 전원이 방침을 통일할 필요는 없다**는 것입니다. 이 책에서 참고가 될 만한 방법이 있다고 해도 그것을 조부모나 가족 모두에게 실천해달라고 할 필요는 없습니다. 실천하고 싶은 사람은 해도 좋겠지만, 관심이 없는 사람에게까지 무리하게 권하지는 말아야 합니다.

Q3에서 역할 분담을 이야기했는데요, 어른도 각자의 개성이 있습니다. 학대가 아니라면 각자가 나름의 역할로 일관성 있게 아이와 접촉해도 그대로도 문제는 없습니다. 다소 부드럽거나 엄격한 면이 있다고 해도 아이는 그 사람을 '그냥 그런 사람'이라고 생각하며 대하게 됩니다.

Q5 발달장애를 이해하지 못하는 사람이 있다면?

A 이해해줄 가능성이 있는지 생각해봅니다

가족 가운데 독자적인 교육관을 갖고 있어서 발달장애의 특성을 알려주어도 좀처럼 생각을 바꾸려 들지 않는 사람도 있을 것입니다. 이와 비슷한 상담 사례가 있었습니다.

이런 경우에는 그 사람이 달라질 가능성은 있는지 검토해보시기 바랍니다. 조금이라도 가능성이 보인다면, 대화를 계속하면서 천천히 노력해보아도 좋습니다. 관련 서적을 읽어보도록 한 후 의견이나 감상을 들어보는 것도 좋다고 생각합니다.

'달라질 가능성'을 예측하기는 어렵지만, 아이의 특성을 알려주었을 때 그 이야기를 집중해서 들으려고 하는가가 포인트입니다. 경청할 마음이 있는 사람이라면 달라질 가능성도 있습니다. 반대로 애초에 들으려고도 하지 않는다면 희망이 별로 없습니다.

무슨 말을 해도 달라질 것 같지 않다면, 그 사람은 그냥 그런 사람이라 생각할 수밖에 없습니다. 이때 중요한 점은 그 사람과는 접촉하지 않는 것입니다. 그리고 이 책의 처방을 참고로 아이와 접촉 방식을 다양하게 재고합니다. 그 사람이 하는 말은 가능한 한 흘려듣고, 아이가 주역이 되는 육아를 합니다. 그렇게 결론짓고 대처한다면, 아이도 상대를 보면서 '이 사람은 내 이야기를 들어준다'거나, '이 사람은 전혀 들어주지 않는다'는 걸 이해하고, 그 아이 나름대로 대처합니다.

4장

발달장애 아이로 산다는 것

상황별 포인트

발달장애 아이는 특성상 못하는 건 안 해도 좋을까?

발달장애 아이를 양육할 때 흔히 '잘하는 분야는 키워주는 것'과 '서툰 분야는 무리하지 않도록 도움을 주는 것'이 중요하다고 말합니다.

분명 2가지 모두가 중요합니다. 이 책에서도 '본인이 잘하는 것을 했을 때 공감하고 칭찬해준다', '잘하지 못하는 부분은 일일이 극복하게 하지 않고, 환경을 바꾸어 대처한다'는 방법을 추천해왔습니다. 아이에게 '높은 기대치'를 가지면 안 되는 이유의 중요성도 말씀드렸습니다.

2장에서는 발달장애 아이가 특성상 '잘하지 못하는 일이나 싫어하는 일이라면 전력을 다해 피해 가는 편이 좋다'는 말씀도 드렸습니다. 그편이 아이가 더 많은 것을 배울 수 있다는 취지였습니다.

그런 이야기를 듣고, 여러분은 혹시 다음과 같이 느끼지 않습니까?

'잘하지 못하는 건 안 해도 된다면 응석받이가 되지 않을까?'

'발달장애 아이는 못하는 건 가르쳐도 소용없다는 말일까?'

'그렇다면 아이가 잘하지 못하는 건 평생 서포트해야 할까?'

'아무리 서툴러도 스스로 해야 할 일이 있는 게 아닐까?'

'호되게 야단치지 않고 잘 가르치는 방법도 있을 듯한데……?'

아이가 잘하지 못한다고 해서 '안 하고', '안 배우고', '부탁하기'만 한다면, 본인에게는 도움이 안 된다고 느끼지는 않습니까?

서툰 일은 '억지로' 안 해도 된다

그렇게 이해했다면, 예리하신 분입니다.

분명 잘하지 못하는 일이라고 해서 스스로 하지 않고 모두 남에게 맡겨버린다면 어른이 되고 나서는 곤란한 일도 생기겠지요. 그러면 아이를 위하는 것이 아니겠지요. 중요한 점은 잘하지 못하는 일을 '억지로' 시키지 않는다는 것입니다. '억지로'가 포인트입니다.

잘하지 못하는 일을 '서툰 방식'으로 '억지로' 하면 여간해서는 익숙해지지 않습니다. 실패도 많이 하겠지요. 그런 방식을 피해서, 아이가 본인 나름의 방식으로 무리 없이 배우는 것이 중요합니다.

잘하지 못하는 건 '하지 않는다'가 아니라, 그 아이 나름의 방식으로 '한다'는 것입니다. 그러기 위해서는 부모나 교사가 그 아이에게 맞을 법한 다양한 방법을 가르치거나, 도움을 줘야 합니다. 잘하지 못하는 부분은 그렇게 대응하도록 합니다.

보통이 아니라 자기만의 방식으로

발달장애 아이에게는 다양한 특성이 있습니다. 따라서 일반적인 방식으로는 잘 안되는 일이 있습니다.

예를 들면, 학습장애아는 일반적인 방식으로는 교과서를 잘 읽지 못하는 경우가 있습니다. 그것이 '잘하지 못하는 것'입니다. '일반적', '평규적', '상식적'인 방식이 서툽니다. 그런 아이는 문자를 확대하거나, 문자의 색을 바꿔주거나, 음성으로 들려주면 내용을 잘 이해하는 경우도 있습니다. 서툰 방식으로는 불가능하지만, 자기 나름대로 연구해서 잘해내는 사례도 있습니다.

부모나 교사가 발달장애 아이에게 '친구들과 똑같이 해보세요'라고 말한다면, 그 아이는 잘하지 못하는 것을 잘하지 못하는 방식으로, 억지로 하게 될지도 모릅니다. 그런 식이라면 본래 서툰 분야가 쉽게 익숙해지지 않겠지요. 저는 **발달장애 아이라면 그런 획일적인 훈육이나 교육 방식에서 '전력을 다해 도망치라'고 권유**합니다. 발달장애 아이는 '보통'에서 벗어나 자기만의 방식을 찾는 것이 중요합니다.

'자기만의 방식'은 어떻게 익힐까?

그래서 4장에서는 발달장애 아이가 일상생활에서 어떻게 하면 '자기만의 방식'을 익힐 수 있는지 말씀드리겠습니다. 가정이나 학교의 다양한 상황에서 어떤 부분이 포인트가 되는지, 부모와 교사는 무엇을 할 수 있는지, 제가 보고 들은 사례와 함께 구체적으로 설명하겠습니다.

'자기 나름의 방식'이라고 하면, 아이 본인이 혼자서 방법을 찾는 모습을 상상할 수도 있지만, 아이 혼자서 무엇이든 할 수 있게 만들 필요는 없습니다.

아이가 '잘하지 못하는 분야라도 누군가 조금 도와주면 해결할 수 있다'는 점을 이해해야 합니다. 타인의 힘을 빌리는 것도 '자기 나름의 방식'입니다.

어른이라도 스케줄 관리가 서툴러서 가족의 도움을 받는 사람이 있으니까요. 마찬가지로 아이도 '이것은 혼자서 일반적인 방식으로 할 수 있다'거나, '이건 좀 고민이 필요하다'거나, '이것은 혼자서는 불안하니 도움을 받고 싶다'는 판단을 하는 것이 중요합니다.

부모나 교사는 발달장애 아이가 자신이 잘하는 것과 못하는 것을 이해하고, 못하는 것에는 자기 나름의 방식을 찾을 수 있도록 도움을 줍니다.

그렇다면 '잘하지 못하는 것을 억지로 하지 않는다'는 말은 무슨 뜻일까요. 구체적인 장면으로 해설하기 전에 한 가지 사례를 소개하겠습니다.

사례 1 공부는 열심히 하지만, 일상생활은 부모에게 의존하는 아이

E는 초등학생 남자아이입니다. 유아기부터 책 읽기를 좋아해서 곤충 도감을 탐독하고 마니아처럼 곤충 이름을 외우기도 합니다. 그 당시에 발달장애가 있다는 것을 알았습니다. 부모는 기억력이 좋기 때문에 '공부에 재능이 있지 않을까' 추측했지만, 초등학교에 들어가보니 그렇지도 않았습니다. E는 자신이 좋아하는 건 잘 외웠지만, 관심이 없는 것은 대부분 읽는 둥 마는 둥, 듣는 둥 마는 둥 하며 배우려 들지 않았습니다. 그래서 학교 성적에도 굴곡이 있었습니다. 실제로 '공부를 못하는 편'에 가까운 성적이었습니다.

부모는 '그래도 독해력이나 기억력은 있으니까'라는 생각에, E를 일찌감치 학원에 보냈습니다. 공부하는 습관을 들이면 잘하지 못하는 교과의 성적도 오르고, 장래에도 도움이 되리라고 판단한 것입니다. E는 학원에 다니며 불평은 했지만 잘하지 못하는 교과도 공부하게 되었습니다.

E는 공부 외에도 일상생활에 필요한 자기 관리에 매우 서툴렀습니다. 옷 입기나 목욕하기, 이 닦기 요령을 익히지 못해서 늘 부모의 도움을 받았습니다. 그런 부분이 쉽게 나아지지 않았지요. 그래서 부모는 공부를 열심히 하는 E에게 그 이상의 부담을 주지 않기로 하고, 자기 관리에 필요한 일은 억지로 연습시키지 않았습니다.

다만 옷 입기 같은 걸 언제까지 도와주어야 할지, 체육 수업 때 옷 갈아입기가 힘들지는 않을지 불안할 때도 있었습니다.

해설

여러분 주변에 E 같은 아이는 없나요?

서툰 분야가 여럿 있을 때는 각각의 문제에 어떻게 대응하면 좋을까요. 잘하지 못하는 일은 계속 도와주기만 해도 될까요. 여러분도 이 사례처럼 대처 방법이 고민되는 순간이 있으신가요.

공부와 일상생활 중 어느 쪽이 더 중요할까?

발달장애가 있다는 것을 알게 되면, 부모는 아무래도 아이가 잘하지 못하는 부분에 신경이 쓰이기 마련입니다. 아이가 해내는 부분은 안심하고 지켜볼 수 있지만 잘하지 못하는 부분, 아예 못하는 부분 때문에 걱정이 태산입니다. 그것이 부모의 자연스러운 마음이겠지요.

E의 사례는 부모가 진심으로 아이의 '부족한 부분'을 걱정하고, 장래를 생각해 여러 가지 지원을 아끼지 않은 사례입니다. 이 사례에 대해 해설해드리겠습니다.

E의 경우는 '공부가 힘들고', '일상생활에 필요한 자기 관리를 잘하지 못하는' 것이 문제인데요, 본인이 노력하는 것은 공부뿐입니다. E는 잘하지 못하는 과목에도 도전해 나름의 방식으로 성적을 올리려고 노력합니다. 반면에 일상생활에 필요한 자기 관리는 부모가 열심히 도와주고 있습니다. E는 일상생활에 필요한 스킬을 나름의 방식으로 익히는 부분이 잘 안되었기 때문에 도움을 받는 게 당연한 상태였습니다.

사실 발달장애 아이에게는 이런 사례가 드물지 않습니다. **발달장애 아이를 상담하다 보면, 본인은 유치원이나 학교에서 공부와 대인 관계에 열심히 매달리고, 일상생활에 필요한 자기 관리는 부모의 전면적 지원을 받고 있다는 이야기**를 자주 듣습니다.

발달장애에 대한 설명에서 '대인 관계의 어려움', '부주의', '학습 부진' 등의 특징이 강조되는 일이 많다 보니, 대부분의 부모는 어쩌면

'그것이 이 아이의 과제'라고 인식하는 거겠지요. 또 부모로서는 밖에서 하는 '공부나 대인 관계는 본인이 노력하는 수밖에 없지'만, '가정에서는 부모가 대신 해줄 수 있다'고 생각하는 것이 아닐까요. '공부나 대인 관계는 사회에 나가서도 중요하다'고 생각하는지도 모릅니다.

이처럼 공부나 대인 관계에 대한 대응은 주목받기 쉽지만, 저는 가정에서의 생활 습관보다 공부나 대인 관계를 우선시하는 것을 절대로 권하지 않습니다.

성인이 되었을 때 중요한 것은 '일상생활력'

왜 가정에서의 생활 습관이 중요할까요. 그것은 발달장애 아이가 어른이 되었을 때, '일상생활력'이 없어서 힘들어지는 패턴이 생각보다 많기 때문입니다.

어른이 되어 사회에 나가면 일할 때나 혼자 생활할 때 모두 일상생활력이 필요합니다.

예를 들면, 업무에 관한 구체적인 지식이나 스킬도 필요하지만, 소지품 관리, 책상 정리, 서류 정리, 휴식 시간에 효율적으로 점심을 먹는 등 어느 정도 일상생활력이 필요합니다. 업무에 적합한 옷차림을 하는 것도 중요합니다. 어떤 업무든 처음에는 잡다한 일부터 하는 경우가 많습니다. 그때 전문 지식은 있어도 일상생활력이 없어서 잡무가 불가능하다면 주변 사람에게 인정받지 못하고 직장에 정착하기 힘들 수 있습니다.

혼자 사는 경우라면 청소나 세탁, 취사, 장보기 등을 스스로 해야만 합니다. 생활 리듬이나 일정 등의 관리도 스스로 하게 됩니다.

업무나 집안일을 모두 자기 혼자 해내지는 못해도, 예를 들면 '서류 정리는 잘하지 못하지만, 동료가 조금 도와주면 최소한의 처리는 가능하게'라든가, '집밥은 불가능하지만, 예산의 범위 내에서 매일 식사는 해결할 수 있게' 자기 나름의 방법을 찾아갈 필요가 있습니다.

발달장애인은 아이일 때 그 부분을 주로 부모에게 의지하기 때문에, **생활면에서 '나름의 방식'을 익히지 못한 채 사회에 나오게 되면, 나중에 힘들어지는 사람이 많습니다.**

가능하면 유아기부터 일상생활법을 가르쳐야 한다

공부를 힘들어하는 아이가 이런저런 궁리 끝에 나름대로 방법을 찾아가는 것은 기본적으로는 바람직한 일입니다.

다만 아이가 공부와 일상생활을 유지하는 데 필요한 일 모두를 힘들어하고, 한 번에 양쪽 과제를 해내기 어려운 경우, 이 2가지를 저울질해 공부를 택해서는 안 됩니다. 왜냐하면 **공부는 본인이 하고 싶은 분야를 찾으면 언제라도 시작할 수 있지만, 일상생활에 관한 것들은 뒤로 미룰수록 힘들어지기 때문**입니다.

유아기부터 초등학교 저학년까지의 아이에게는 일상생활 유지를 위한 기본기부터 가르치는 것이 좋습니다. 그 무렵의 아이는 부모가 하는 모습을 흉내 내고 싶어 합니다. 그때 간단한 정리법 등을 가르쳐두면, 연령이 높아지더라도 방법은 이미 몸에 배어 있기 때문에 스스로 정리하기도 합니다. 어릴수록 '자기 일은 스스로 한다'는 걸 가르치기가 쉽습니다.

하지만 아이는 사춘기가 되면 부모의 말을 잘 듣지 않게 됩니다. 아이에 따라 사춘기 연령은 다르겠지만, 그때가 되면 생활에 필요한 자기 관리법을 알려주어도 순순히 따르지 않기 때문에 가르치는 데 손이 많이 갑니다. 그때까지 '부모가 해주는 걸 당연'하게 받아들이고 있었다면 더 힘이 들겠지요. 그런 일이 없도록 일찌감치 생활 스킬을 중요하게 여기면서 아이에게 조금씩 가르치기를 권합니다.

공부를 가르친다는 건 100년쯤 앞서가는 것!

이 책의 1장에서 '일상생활법도 모르는 아이에게 공부를 가르친다는 건 100년쯤 앞서가는 것!'이라는 이야기를 했습니다. 그것은 '아이에게 공부를 가르치는 것보다 더 중요한 일이 있다'는 의미였습니다.

공부는 나이와 상관없이 언제든 시작할 수 있습니다. 어른이 되고 일을 시작하면서 업무에 관심이 생기고, 스스로 공부해서 대성하는 사람도 있습니다. 정말 배우고 싶다는 생각만 있다면, 학습하는 습관을 몸에 익히는 것은 언제라도 가능합니다. 공부는 일상생활에 필요한 일을 뒤로 미루면서까지 가르쳐야 하는 것은 아닙니다.

그래서 이 책에서는 공부나 대인 관계가 아니라 발달장애 아이가 살아가는 데 필요한 일상생활 스킬부터 먼저 해설하겠습니다. 우선 지금부터 제시하는 생활 스킬을 아이에게 가르칠 수 있는지 체크해보시기 바랍니다. 혹시 부모가 모두 대신 해주고 있다면 오늘부터라도 조금씩 아이 스스로 해볼 수 있도록 계획을 세워보길 추천합니다. 계획 세우는 방법도 함께 말씀드리니 참고하시기 바랍니다.

또 생활 스킬 외의 공부나 대인 관계 등에 대해서도 걱정하는 분이 많을 테니 본 장의 후편 항목에서 충분히 설명하겠습니다. 생활 스킬을 체크한 후 다음 과제를 읽어보시기 바랍니다.

전편 :
생활 스킬 편

상황별 포인트 ① **몸단장**

발달장애 아이의 생활 스킬에서 가장 문제가 되는 것 중 하나가 '몸단장'입니다. 예를 들면, 옷 갈아입기가 서툴러서 늘 부모의 도움을 받는 아이가 있습니다. 1장의 질문에서도 비슷한 아이의 사례를 소개했습니다.

사례 2 옷을 입을 때 늘 도움을 받는 아이

옷 입기가 잘 익숙해지지 않는 원인은 여러 가지가 있겠지만, 주로 손끝이 여물지 못해서 옷 입기가 잘 안되는 사례가 많습니다. 그런 경우 무리하게 연습시킬 필요는 없지만, 그래도 조금씩 본인 나름대로 옷을 갈아입을 수 있도록 가르쳐야 합니다.

그런데 부모가 아침저녁으로 바쁘고 여유가 없어서 본인에게 맡겨두는데 '옷 갈아입는 데 시간이 걸리고', '본인은 애가 타서 짜증을 내는' 상황이라면 천천히 친절하게 가르칠 시간이 없을 수도 있습니다.

대응 입기 쉬운 옷으로 난이도를 조절하자

그런 경우에는 아이가 쉽게 입고 벗을 수 있는 의류를 준비해줍니다.

예를 들면, 아이가 단추 많은 옷을 입을 때 힘들어한다면, 목둘레가 꼭 끼지 않고 쓱 뒤집어쓸 수 있는 옷으로 바꿔줍니다. 그런 의류 위주로 옷 입기의 어려움을 줄이는 것입니다. 그래서 아이가 스스로 옷을 갈아입을 수 있게 되면, 본인이 싫어하지 않을 만큼의 단추가 달린 옷도 시도해봅니다.

이때 중요한 점은 아이에게 '부모는 옷을 입혀주는 것이 당연한 사람'이라고 인식되면 안 된다는 것입니다. '할 수 있을 때는 스스로 갈아입고', '어려움이 있을 때는 약간의 도움을 받는다'는 정도의 균형감이 생길 수 있도록, 옷의 종류를 바꿔서 입을 때의 난이도를 조절합니다.

일상이 바쁘다 보면 아이에게 어려운 것을 가르치기가 쉽지 않습니다. 그보다는 아이가 옷 갈아입는 모습을 관찰하면서, '이 아이에게는 어떤 옷이 갈아입기 쉬울까?' 고민해보기 바랍니다. 그리고 **다양한 스타일의 옷으로 시험해봅니다. 입으면서 아이가 힘들어할 때는 도와줘도 괜찮습니다.** 부모도 무리하지 않는 범위에서 대응하도록 합니다.

부모도 아이에게 '이런 옷 좀 입히고 싶다'고 느낄 때도 있겠지만 '부모의 사정'은 잠시 접어두고 아이에게 맞춰가면 옷 입히는 노고도 줄고, 부모와 아이 모두의 스트레스가 해소되기도 합니다. 한번 시도해보시기 바랍니다.

사례 3 **특정한 옷에 집착하고, 갈아입지 않는 아이**

옷 입기 관련 고충 중에는 옷을 '갈아입지 않아서' 고민인 경우도 있습니다. 아이가 본인이 좋아하는 옷에만 강한 집착을 보이며, 다른 옷은 심하게 거부하는 패턴이 주를 이룹니다.

예를 들면, 아이가 특정 점퍼에 집착하며 여름에도 그 점퍼를 입겠다고 고집을 피우는 일입니다. 그런 아이는 부모가 여름옷을 꺼내고 점퍼를 넣어두려고 하면 몹시 싫어합니다. '점퍼가 없으면 학교에 안 가'라고 말하는 경우도 있습니다. 부모는 아이가 계절에 맞지 않는 복장을 하거나 여름에 두꺼운 옷을 입어서 건강을 해칠까 걱정이지만, 그런 마음이 아이에게는 잘 전달되지 않습니다.

대응 **기분이나 컨디션이 좋다면, 굳이 옷을 갈아입지 않아도 좋다**

이 경우는 다소 극단적일 수도 있지만, 옷은 굳이 갈아입지 않아도 된다고 생각합니다.

발달장애 아이는 복장에 집착하기도 하지만, 감각적으로 특성이 있어서 더위나 추위를 느끼기 어려울 수도 있습니다. 어떤 유형이든 사회의 일반적인 관습에 맞춰 옷을 입는 것은 중요하지 않습니다. 그 아이에게는 자신이 입고 있는 옷, 자신에게 맞는 옷을 입는 것이 중요합니다. 그래야 기분 좋게 지낼 수 있기 때문입니다.

한여름에 점퍼를 입어서 땀이 나고 기분이 나빠지면, 아이는 점퍼를 벗을 것입니다. 본인의 컨디션이 괜찮거나 '불평' 없이 기분 좋게 입고 있다면 그대로 두어도 좋지 않을까요.

제가 보아온 아이 중에는 초등학교 때 같은 종류의 옷을 크기만 바꿔 계속 입는 아이도 있었습니다. 부모가 아이의 마음을 이해하고, 같은 종류의 옷으로 계속 사다주었던 것입니다. 그 부모와 아이가 옷 때문에 고민하는 일은 없었습니다.

스티브 잡스도 검정 터틀넥에 청바지를 늘 입고 있었고, 저도 늘 같은 복장을 하고 있습니다. 무늬 있는 옷은 선택하기가 귀찮기 때문입니다. 본인의 심신 상태가 흐트러지지 않고 살아갈 수 있다면, 늘 일정한 복장을 한다고 해서 문제 될 일은 아니라고 생각합니다.

주의 1 옷 갈아입기가 싫어서 기분이나 컨디션이 나빠졌다면?

다만 아이가 복장에 너무 집착하며 겨울에도 얇은 옷을 입다가 감기에 잘 걸리는 것처럼 건강에 악영향이 있다면 적절히 대응할 필요가 있습니다.

본인이 추위를 잘 못 느끼는 편이라서 반소매를 입어도 끄떡없다면 괜찮지만, 간혹 색상에 집착하면서 추워도 반소매만 고집하는 경우도 있습니다. 그런 경우, 본인의 취향을 들어주면서 긴소매 옷을 마련해 주면 옷 문제가 해결될 가능성도 있습니다.

또 아이의 감각이 과민해서 긴소매 옷을 입으면 까끌까끌한 촉감 때문에 못 입는 경우도 있고, 집에 있는 긴소매 옷이 모두 까끌까끌하다며 겨울에도 반소매 옷을 입는 아이도 있습니다. 그런 경우에는 본인이 위화감을 느끼지 않고 입을 수 있는 소재의 옷을 찾게 되면 긴소매 옷을 입을 수도 있습니다.

주의 2 세안, 목욕, 양치질에도 감각 과민이 영향을 준다

몸단장과 관련한 고민으로 아이가 세안이나 목욕, 양치질을 싫어하거나 서툴다는 이야기도 많습니다.

이 경우도 감각의 과민과 관계가 있을 수 있습니다. 감각이 민감해서 얼굴을 씻을 때 물이 닿는 것을 싫어하거나, 칫솔이 입속에 닿는 감촉을 힘들어하는 경우입니다. 옷 입기는 부모가 의류를 조절해줄 수 있지만, 세안이나 양치질 같은 경우는 가정에서 도움을 주기 어려울 수 있습니다.

본보기를 보여주거나 순서표를 보여주었을 때 아이가 안심하고 조금씩 시도해보는 경우도 있지만, 그런 방법도 어려워한다면 의료 기관에 상담하거나, 전문가에게 조언을 구하는 것도 좋습니다.

사례 4 초등학생이 되어도 화장실에 혼자 못 가는 아이

'아이가 화장실에 혼자 못 간다'는 문제로 상담을 요청하는 일도 있습니다.

옷 입기가 서툰 케이스와 마찬가지로 손끝이 여물지 못하거나, 감각이 예민한 경우에는 환경을 바꿔주면서 조금씩 대응합니다. 변기에 커버를 씌운다든가, 화장실 조명을 밝게 해주면 혼자 갈 수 있는 아이도 있습니다. 화장실 소리를 불편해하는 아이에게 귀마개를 씌워주면 가는 경우도 있습니다.

그런데 아이의 능력적인 면이나 화장실의 환경적인 면에 딱히 문제가 없어 보이는데도, 어쩐 일인지 혼자 못 가는 경우가 있습니다. 예를 들면, 예전에는 혼자서도 문제없이 잘 다니다가 어느 시기부터 부모가 함께하지 않으면 못 가게 된 케이스도 있습니다.

대응 **마음의 문제인지 능력의 문제인지 살펴본다**

그런 경우 능력상 혼자서도 화장실에 갈 수 있지만, 불안감이 심해서 부모가 함께 있어주기를 바라는 것일지도 모릅니다. 그렇다면 능력의 문제가 아니라 마음의 문제입니다.

마음의 문제는 대부분 일시적인 현상이기 때문에 '지금이 바로 그런 시기인가 보다' 하고 받아들이면서 어느 정도 아이에게 맞춰주어도 좋습니다. 화장실 앞에까지 함께 가주기만 해도 아이가 안심할 수 있다면 그런 방법도 좋겠지요.

다만 불안으로 판단되는 케이스에도 아이가 '잘할 수 있을지 모르겠다'며 부모에게 용변의 뒤처리까지 해주길 바라는 경우가 있습니다. 이것은 마음의 문제라기보다 능력의 문제입니다. 이런 경우는 아이의 요구에 바로 응하기보다 그 아이에게 맞는 형태로 연습을 시켜주는 편이 문제 해결로 이어질 가능성이 있습니다.

마음의 문제인지 능력의 문제인지 구별하기 위해서는 '이 아이가 왜 화장실에 못 가는 건지' 살펴보는 것이 중요합니다.

이때도 역시 '아이의 사정'을 먼저 살피는 것이 중요합니다. '부모가 보기에', '예전에도 잘했으니 혼자 갈 수 있어' 하며 뿌리치지 말고, 아이가 지금 어떻게 느끼는지 생각해봅니다. '아이의 사정'을 잘 읽어내야 합니다. 그러면 문제 해결의 실마리가 보일 수 있습니다.

상황별 포인트 ② 식사

식사와 관련해서는 편식을 둘러싼 상담이 많습니다. 예를 들면 다음과 같은 케이스입니다.

사례 5 편식이 심해서 급식 채소와 생선을 모두 남기는 아이

F는 초등학생 여자아이입니다. 편식이 심해서 특정 음식만 먹습니다. 좋아하는 음식은 흰밥, 식빵, 고기입니다. 가족은 이 밖에도 여러 가지 다양한 음식을 먹고 있지만, F는 구미가 당기지 않는 음식에는 눈길도 주지 않습니다.

학교에서도 급식으로 나오는 채소와 생선을 모두 남깁니다. 교사나 주변 친구들이 '조금이라도 먹어봐'라고 말해도 막무가내입니다.

부모는 '이대로 두었다가는 영양의 균형이 무너져 건강을 해치지 않을지' 걱정인데요, 식단을 아무리 잘 조절해도 효과가 없습니다. F가 어느 정도의 양은 먹고 있으니 공복으로 쓰러지는 일은 없겠지만, 이대로 좋아하는 것만 먹는 편식 생활을 이어가도 괜찮을까요.

대응 편식은 어떤 경우에도 그대로 두는 것이 최선

편식에도 여러 원인이 있겠지만, 가장 흔한 것이 '강한 집착'을 보이는 패턴입니다. AS의 특성이 있는 아이에게서 자주 볼 수 있습니다. 그런 아이 중에는 일시적으로 특정 음식에 대한 애착이 있어, 그 시기에는 그것밖에 먹지 않는 아이도 있습니다. 애착이 사라지면 괜찮아집니다.

편식은 섣부른 식사 지도보다 내버려두는 것이 최선

F의 경우 편식이 길게 이어지니 집착이 아닐 수도 있습니다. 집착 이외의 원인으로는 감각의 이상을 생각해볼 수 있습니다. 감각에 특성이 있고, 특정 맛이나 식감에 거부감을 느끼는 패턴입니다.

이것은 일시적인 것이 아니라 쭉 계속되는 현상입니다. 편식이 계속되는 경우에는 그런 가능성도 생각해볼 수 있습니다.

다만 어떤 경우든 대응법은 같습니다. 편식은 내버려둡니다. **어떤 경우에든 내버려두는 것이 최선**입니다.

집착일 경우 옆에서 개입하다 보면 그 정도가 더 강해질 가능성이 있습니다. 집착은 내버려두는 것이 가장 좋습니다.

감각에 이상이 있는 경우도 무리하게 강요해서는 안 됩니다. 본인이 불편을 느껴서 그 음식을 피하는 거라면, 그대로 두는 것이 가장 좋습니다. 본인에게 맡기는 것이 좋습니다.

주의 섣불리 식사 지도를 하게 되면 악영향이 생길 수도

편식을 내버려두지 않고 부모나 교사가 애를 쓴다고 해도 상황이 좋아지는 일은 거의 없습니다.

세상에는 '차려진 음식은 모두 먹어야 한다'는 규범을 만들어 아이를 가르치고, 편식을 고쳤다고 자신감을 보이는 사람도 있지만, 그것은 억지로 먹이기만 한 것입니다. 그런 지도를 받은 아이는 **어른이 되어서도 '차려진 음식은 다 먹어야 한다'고 생각하기 때문에 뚱뚱해지기 쉽습니다.** 과식으로 건강을 해치기도 합니다. 제가 보아온 아이 중에도 그런 지도를 받고, 뷔페에서 과식하다가 건강을 해친 아이도 있습니다. 그런 방법으로는 식생활이 개선되지 않습니다.

상황별 포인트 ③ 집안일 돕기

이것은 부모로부터 상담을 의뢰받은 건 아니지만, 진료 중에 자주 등장하는 이야기라서 소개합니다.

사례 6 집안일 돕기를 가르쳐주어도 전혀 못하는 아이

우리는 발달장애 아이를 양육하는 부모에게 자주 '집안일을 도와달라고 부탁해 보는 것도 좋습니다'라고 말하지만, 부모는 '그렇긴 한데, 아직 잘하지 못하니까 오히려 방해만 돼서요'라고 대답하는 경우가 있습니다.

집안일 하는 법을 가르쳐주어도 잘하지 못하는 데다, 오히려 방해만 되는 아이도 분명히 있습니다. 하지만 그렇다고 '못하니까'라는 이유로 기회를 주지 않는다면, 아이의 일상생활력은 쉽게 향상되지 않습니다.

대응 잘 못해도 좋으니, 간단한 집안일을 부탁한다

집안일 돕기는 '한다', '못한다'로 판단하지 않도록 합니다. '못하니까, 아직 시키지 않아도 된다'고 생각하는 것은 기본적으로 부모의 입장입니다. 아이의 긴 인생을 생각한다면, 잘하지 못하더라도 조금씩 체험하게 하는 것이 좋습니다.

아이의 집안일 돕기는 완성도와 상관없이 가볍게 부탁해봅니다. 결과가 어찌 되었든, 아이도 본인이 해냈다고 느낀다면 그것으로 OK입니다. 아이가 집안일에 대해 '이것은 내가 하는 일', '나도 할 수 있는 일'이라고 느끼는 것이 중요합니다.

부모는 아이가 해도 어렵지 않을 만한, 위험하지 않은 일을 그 아이의 역할로 설정해줍니다. 정말 중요한 일은 부모가 하고, 실패해도 별문제 없는 건 아이에게 맡깁니다. 예를 들면, 부엌일을 도와달라고 부탁할 때 아이가 접시를 깨뜨릴 것 같으면 떨어뜨려도 깨지지 않는 것만 다루도록 합니다. 그런 세세한 부분에 유의하면서 아이에게 집안일을 맡겨봅니다.

또 집안일은 요리나 청소, 세탁처럼 가족 모두를 위한 일입니다. 자기 밥그릇을 식탁에 놓는 일이나 벗은 옷을 정리하는 일은 집안일이라기보다는 '일상생활을 위한 자기 일'입니다. 그 일은 본래 스스로 해야 하는 일이기 때문에 집안일을 돕는 것이 아닙니다. 일상생활을 위한 잡다한 일은 본인이 스스로 하도록 가르치면서 그에 더해 '모두를 위한 집안일'도 조금씩 도울 수 있도록 합니다. 그런 균형감으로 생각해보시기 바랍니다.

주의 즐거운 분위기에서 자신감이 생기도록

개인차는 있겠지만, 아이들은 대부분 초등학교에 입학할 즈음까지는 집안일을 재미나게 잘 돕습니다. 어른이 사용하는 물건에 관심을 보이며, 똑같이 해보고 싶어 합니다. 그런 시기에는 집안일을 가르치기가 수월할 수 있습니다.

연령이 높아지면 재미있어서 한다기보다는 시키니까 마지못해 하는 경우가 많습니다. 아이가 자라면 **밑져야 본전이란 마음으로 부탁**해 보는 것이 좋습니다. 집안일을 매일 시키기가 어렵다면, 연말 대청소할 때 '바쁘겠지만 좀 도와줄 수 있겠니?'라고 말을 건네보는 것도 좋습니다. 그럴 때 '가끔은 너도 도와야지!', '너도 할 수 있는 건 해야지'라고 꾸짖듯이 말한다면 아이는 반발하면서 결국 집안일을 하지 않게 됩니다. 집안일 돕기를 부탁할 때는 아이가 거부감이 없도록 분위기를 좋게 유지하는 것이 중요합니다.

어릴 때 집안일을 해본 아이는 '나도 막상 닥치면 집안일 정도는 할 수 있어'라는, 약간의 자신감을 지니고 있습니다.

사춘기가 되면 '집안일은 귀찮아서 안 한다'고 말하지만, 그 이면에 **'막상 닥치면 할 수 있다'는 자신감이 있는 상태인 것과 아예 방법을 몰라서 '하고 싶어도 못하는' 상태인 것과는 장래에 큰 차이로 이어집니다.**

특히 ADH의 특성이 있는 아이의 경우 집안일을 매일 꾸준히 하는 걸 어려워하기 때문에, 약간의 자신감을 심어주는 것이 매우 중요합니다. '매일은 못하지만, 막상 닥치면 할 수 있다'고 여길 수 있다면, 아이는 잘 안되는 일이 있어도 기죽지 않고 할 수 있습니다.

또 자신감이 생긴 아이는 평소에는 부모에게 의지하더라도 부모가 없을 때는 스스로 청소를 하기도 합니다. 그런 아이는 독립생활을 시작하게 되면 나름대로 집안일을 할 수도 있습니다. 알게 모르게 기본적인 일상생활력이 생긴 것입니다.

그러나 집안일을 '하지 않거나', '못하는' 채로 어른이 된 경우에는 기본 생활력이 없어 나중에 힘들어질 가능성이 높습니다. 아직 어릴 때 간단한 집안일을 경험했는지 여부가 장래에 영향을 주는 것이 사실입니다.

상황별 포인트 ④ 정리 정돈

ADH의 특성이 있는 아이의 경우, 정리 정돈에 관한 상담이 많습니다. 예를 들면 다음과 같은 케이스입니다.

사례 7 옷과 장난감을 팽개쳐두는 아이

G는 초등학생 남자아이입니다. ADHD 진단을 받았습니다. G는 정리 정돈을 못합니다. 부모가 나름대로 정리법을 가르쳐봤지만, 학교에서 돌아오면 귀찮다는 듯 책가방을 내던지고 겉옷과 양말은 벗어둔 자리에 그대로 두고 놀기 시작합니다. 친구가 같이 놀자고 하면 놀던 장난감도 그대로 둔 채 나가버립니다.

처음에는 부모도 정리 방법을 가르쳐보기도 하고, 정리하기 쉽게 선반을 마련해 주기도 했지만, G의 행동은 조금도 달라지지 않았습니다. 그래서 최근에는 반쯤 포기한 상태로 책가방만이라도 잘 두라고 가볍게 주의만 주는 정도입니다.

대응 책가방과 소지품을 내던지는 장소에 '임시 박스'를 놓아준다

정리 정돈을 잘하지 못하는 아이에게 방법을 가르치는 건 어려운 일입니다. 부모가 아이의 책가방을 정리하고 싶지 않은 마음도 이해합니다. 다만 부모가 늘 정리해주다 보면, 아이는 '부모가 해주는 것을 당연'하게 생각합니다. 그래서 궤도를 수정해야 합니다.

아이가 하교 후 책가방을 내팽개치면 그곳을 정리 공간으로 만들어 주기를 추천합니다. 커다란 '임시 박스'를 놓고, 그 안에 일단 던져 넣어두면 OK 하는 정도의 간단한 정리 규칙을 세워보는 것입니다. 책가방뿐 아니라, 겉옷이나 들고 다니던 소지품도 넣어두도록 합니다. 현관에 들어서자마자 바로 보이는 공간에 박스를 놓을 것을 추천합니다. 그러면 아이는 돌아오자마자 바로 짐을 그곳에 내놓을 수 있습니다.

우선 그렇게 '스스로 정리하는' 습관을 그 아이 나름의 방식대로 할 수 있도록 가르칩니다. 그리고 작은 단계로 방법을 발전시켜갑니다. 웬만큼 익숙해졌다면 본인과 상의해 '임시 박스'를 현관에서 복도로 옮깁니다. 옮긴 후 예전만큼 잘 안된다면 부모가 박스를 다시 원래의 자리로 되돌려놓습니다. 다시 잘될 때까지 단계를 반복합니다. 최종적으로 아이의 방까지 박스를 옮깁니다. 그렇게 진행하다 보면, 아이는 자신의 방까지 책가방과 짐을 가지고 가서 선반에 올려둘 수도 있습니다.

주의 ADH 타입의 정리법, AS 타입의 정리법

다만 ADH 타입으로 정리 정돈에 특히 어려움을 겪는 아이의 경우, 정리법을 그렇게 작은 단계별로 높여가기가 어려울 수도 있습니다. 그런 계획은 아이가 원해서라기보다 부모의 사정에 따라서 진행되기

아이가 책가방을 내던지는 장소에 '임시 박스'를 놓아준다

가 쉽고, 결국 '높은 기대치'가 될 수도 있습니다.

작은 단계별로 가르치는 것은 좋지만, 부모가 기대하는 대로 진행하는 것이 아니라, 어디까지나 아이의 페이스에 맞춰갑니다. 현관 앞 박스에 물건을 던져 넣는 것이 아이의 발달 단계에 적합하다면, 무리하게 단계를 올리지 않아도 됩니다. 그 상태에서 자신감이 생기는 것도 좋습니다.

한편 **AS의 특성이 있는 아이의 경우**, 소지품을 규칙적으로 정리하는 것을 좋아해서 스스로 알아서 정리하려는 케이스도 있습니다. 그런 모습을 보면, 부모는 미더운 마음에 더더욱 정리법을 가르치고 싶어질 수 있습니다. 하지만 그런 아이는 '무엇이든 꼼꼼하게 하려는' 경향이 많아서, 부모가 너무 세세한 것까지 가르치면 규칙에 얽매일 가능성이 있습니다. 아이가 '이것저것 다 해야만 된다'는 생각에 필요 이상의 달성 목표를 세우게 될 수 있습니다.

AS 타입의 경우 아이가 나름의 방식으로 정리하고 있다면, 그 이상 세세한 것까지 말하지 말고, 본인에게 맡겨두는 것이 좋습니다.

상황별 포인트 ⑤ **분실물(소지품 관리)**

ADH 타입의 아이 중에는 물건을 잘 챙기지 못하는 문제에 대한 상담도 많습니다. '몇 번을 가르쳐도 못 챙기니, 어떻게 하면 좋을까'라는 상담 의뢰가 많습니다.

사례 8 아무리 알려주어도 자꾸 깜빡하는 아이

예를 들면, 한 초등학생은 늘 준비물을 깜빡합니다. 체육복이나 실내화를 깜빡하고 안 가져가기도 하고, 학교에 제출하기 위해 챙겨 간 것을 깜빡하고 방과 후 그대로 집으로 가지고 돌아오기도 합니다. 자신의 준비물만 깜빡하는 것이 아니라, 옆자리 친구의 알림장을 가방에 넣어오기도 합니다. 아무리 알려주어도 그런 실수가 개선되지 않는다는 점이 고민이었습니다.

대응 1 '본인도 속상해하는지' 살핀다

1장의 질문에서도 잠깐 언급했지만, 부주의 특성이 있는 아이는 아무리 소지품 관리법을 알려주어도 실수하는 일이 있습니다. 기본적으로는 실수에 너무 신경을 쓰지 않는 것이 중요합니다.

일반적으로 인간은 무엇이든 3% 정도는 오류를 범하는 존재입니다. 3%라면 대체로 30회에 1회 정도이니, 누구라도 한 달에 1회 정도는 실수나 뭔가를 잃어버립니다. ADH의 특성이 있으면, 일주일에 1회 정도는 뭔가를 잃어버릴 수도 있습니다. 실수를 아예 없애는 것은 어려운 일입니다. 조금 실수가 있어도 치명적인 문제가 아니며 본인이

애를 끓이지만 않는다면, 그냥 지켜보는 것도 좋다고 생각합니다.

하지만 일주일에 몇 차례나 준비물을 못 챙겨서 학교 활동에 지장을 주고, 본인도 속상해한다면 어른이 예방책을 마련해주는 것이 좋습니다. 부모와 교사가 알림장으로 연락을 주고받아 준비물 실수를 줄이는 대책을 마련해주기를 권합니다.

이때 어른들끼리 모두 준비를 마치면, 그것을 당연하게 여길 수도 있으니 본인이 기억하는지 물어봅니다. 알림장을 보면서 아이에게 '선생님은 이렇게 쓰셨는데, 맞아?' 하고 확인해봅니다. 본인이 알고 있다면 그것으로 OK입니다. 혹시 정보가 누락되었다면 도움을 줍니다.

대응 2 AS 타입과 ADH 타입, 각각의 체크 방법

어른이 대응책을 마련해, 아이에게 잊어버리는 일을 예방하는 방법을 가르칩니다.

자폐 스펙트럼AS 타입의 아이는 순서를 명확하게 알려주면 본인이 스스로 대처할 가능성도 있습니다. 예를 들면 준비물 리스트를 만들어서 아이에게 주고, 그것을 보면서 확인하는 방법을 알려줍니다.

ADH 타입의 아이는 리스트가 있어도 산만해서 충분히 확인하지 못할 수도 있습니다. 리스트를 주고 본인에게 직접 확인하게 하면서 마지막으로 어른이 다시 체크해주는 것이 좋습니다. 깜빡하는 실수가 많은 경우, 자주 확인을 시켜도 체크 누락이 있을 수 있습니다. '모든 준비가 완료되었다면 다행'이라는 마음으로 지켜봅니다.

주의 **레벨 업을 목표로 삼지 않는다**

어른이 처음부터 끝까지 체크해주면 깜빡하는 일은 줄겠지만, 이 방법만으로는 아이의 일상생활 능력이 나아지지 않습니다. 아이가 스스로 소지품을 확인할 수 있도록 적당히 이끌어주면서 대응해야 합니다. 개인차는 있겠지만, 초등학교 저학년 정도까지는 어른이 주도적으로 체크해주고 조금 더 연령이 높아지면 본인이 주도적으로 하는 형태가 좋습니다.

다만 **'언젠가는 혼자서도 완벽하게 할 수 있도록'이라는, 높은 목표는 세우지 않도록 합니다.** 매번 하던 실수를 '3번에 1번', '5번에 1번'으로 레벨 업 시키려고 하면 그것이 바로 '적어도 이 정도쯤'이라는 높은 기대치가 됩니다.

대책을 세워가다가 결과적으로 개선되는 아이도 있지만, 좀처럼 실수가 줄지 않는 아이도 있습니다. 부모 기준으로 세우는 목표가 아니라, 아이의 페이스에 따라 실천합시다.

그렇게 도움을 주다 보면, 어른이 중복 체크를 깜빡한다고 해도 아이가 혼자서 착실히 준비하게 되는 날도 올 수 있습니다. 그래서 '지금까지의 촘촘한 도움은 필요 없을 수도' 있겠다는 생각이 든다면, 본인에게 맡기는 부분을 늘리는 방법도 좋을 수 있습니다.

상황별 포인트 ⑥ **약속(일정 관리)**

'약속이 있어도 일정대로 움직이지 못한다'는 고민 상담도 많습니다. 학교의 알림 사항을 부모에게 전달하지 않거나, 친구와의 약속을 못 지키는 문제도 있지만, 특히 많은 것이 '게임을 시작하면 다른 일을 못한다'는 고민입니다.

사례 9 게임에 푹 빠져 저녁을 안 먹는 아이

H는 초등학생 남자아이입니다. 게임을 좋아해서 학교에서 돌아와 숙제를 마치면 그 뒤로는 계속 게임을 하며 놀고 있습니다. 한번 게임을 시작하면 푹 빠져서 다른 일을 못합니다. 예를 들면 학원 갈 시간도 잊고 게임만 하거나, 엄마가 저녁을 먹으라고 불러도 대답도 안 하고 게임을 합니다.

부모는 직접 말도 해보고, 알람을 맞춰놓기도 하고, 일정표를 써보는 대책을 세워보았지만, 어느 것도 효과는 없었습니다. 아주 심할 때는 게임을 중단시키고 꾸짖기도 하지만, 다시 다음 날이 되면 똑같은 일이 반복됩니다. 해결 방법이 전혀 보이지 않는 상태입니다.

대응 1 게임은 어쩔 수 없으므로, 타협할 수 있는 포인트를 찾는다

먼저 결론을 말씀드리겠습니다. 부모가 게임을 이길 수는 없습니다. 부모의 힘으로 게임을 컨트롤하려는 생각은 포기합니다.

대부분의 부모는 아이가 적절한 때에 게임을 중단해주길 바라지만, 게임에는 중단 타이밍이 거의 없습니다. 요즘 게임이 그렇습니다. 대

부분의 게임 회사는 온갖 수단을 동원해 유저가 끊임없이 즐겁게 놀 수 있도록 게임을 만들기 때문입니다. 그 힘에 부모가 대항하기는 어렵습니다.

'게임은 중단시킬 수 없다'는 점을 전제로, H의 예시를 해설하겠습니다. 이 사례에는 '저녁밥이 준비되는 타이밍'과 'H의 게임이 끝나는 타이밍'이 어긋나 있습니다. 부모는 저녁밥이 다 되면 아이가 게임을 중단하길 바랍니다. 아이는 정말로 멈추고 싶지 않은데 부모가 얘기하니 억지로 멈춰야 하는 상황입니다.

부모는 '자신이 아이를 기다리고 있다'고 생각할 것입니다. 따라서 아이가 몇 분쯤 늦기만 해도 화가 납니다. 하지만 아이로서는 '저녁밥이 다 되었으니 어쩔 수 없이 게임을 중단한다'는 억울함이 있습니다. 본인이 몇 분쯤 늦는 건 어쩔 수 없다는 생각인 거지요.

어른은 자신이 양보했다고 생각할지도 모르지만, 아이도 나름대로 부모의 말에 따르는 것입니다. 아이도 어느 정도 절충점을 찾고 있다는 점을 이해해주고, 본인이 좀 더 납득하면서 타협할 수 있도록 방법을 찾아보기 바랍니다.

대응 2 정말 멈추게 하고 싶다면, 옆에서 게임을 관찰하는 것도 방법

예를 들면, 앞으로 몇 분 후면 저녁 준비가 완료된다고 예고하는 방법도 좋습니다. 구체적인 시간이 예측된다면, 아이도 언제 게임을 중단할지 준비할 수 있습니다. 그때 멀리서 아이를 부르는 것만으로는 부모의 진심을 전달하기 어려울 수 있으니 게임 장소까지 가서, '앞으로 10분 남았다'거나 '슬슬 마무리할 수 있겠어?'라고 말해봅니다. 그리고 그대로 잠시 아이 옆에서 게임을 관망해주세요. 부모가 말만 하고 바로 자리를 뜬다면, 아이는 다시 게임에 집중하게 됩니다. 옆에서 게임을 지켜보면서, 진심으로 중단했으면 하는 마음을 드러냅니다.

그렇게 게임 하는 모습을 보고 있으면, 게임이 '끝나는 타이밍'을 알 수도 있습니다. 예를 들면 전투 게임에서 1회 승부에 5분 정도 걸린다면 '이 경기만 하고 끝내도록 해'라고 말할 수 있습니다. 그 정도의 구체적인 호소라면, 게임이 끝나는 적당한 선에서 중단할 가능성도 있습니다.

주의 **학교 선생님이나 친구와의 예정된 일정은 부모가 도와준다**

게임이나 저녁밥을 둘러싼 실랑이는 부모와 자녀 사이의 일이기 때문에 가정에서 나름대로 대응할 수 있지만, '학교에서 해야 할 일', '친구와의 약속' 같은 제3자가 관련된 일을 부모가 모두 파악해 커버하기는 어렵습니다. 그런 부분에서 트러블이 생긴다면 부모가 학교 선생님이나 친구의 부모에게 연락을 취해, 어른들끼리 해결하도록 합니다.

친구와의 약속을 어겼을 때 상대방에게 사과하는 모습을 아이에게 보여주고, 본인도 사과하게 하는 것이 좋습니다. 그런 형태로 약속된 일정을 지켜야 하는 중요성을 배워가는 아이도 있습니다. 다만 아이가 싫어하면 억지로 사과를 강요하지 않도록 합니다. 그런 사회 규범을 배울 시기가 아직 아닐 수도 있습니다.

상황별 포인트 ⑦ 용돈(돈 관리)

돈과 관련된 고민도 꽤 있습니다.

아이가 용돈을 받자마자 다 써버리고, 금방 다시 '저것도 갖고 싶어'라고 말합니다. 그런 유의 상담이 많습니다. 다만 가정에 따라 고민의 포인트는 다릅니다.

사례 10 용돈을 주면 금방 써버리고 또 보채는 아이

예를 들면 아이가 보챌 때마다 저렴한 건 그냥 사주다 보니, 용돈 제도가 제대로 운용되지 않아서 고민인 가정도 있습니다. 한번 정한 규칙을 아이가 어디까지 지키게 해야 할지가 고민입니다. 한편 아이가 아무리 애원해도 결정된 금액 이상은 주지 않는 가정도 있습니다. 그런 경우, 아이가 짜증을 내는 것도 고민입니다.

또 용돈제가 아니라, 아이가 뭔가를 원할 때마다 개별로 판단해서 사주는 가정도 있습니다. 아이가 목욕탕 청소나 집안일을 도울 때 용돈을 주는 가정도 있습니다.

대응 월정제나 성과급제도 좋지만, 결정한 규칙은 지킨다

용돈에 대해서는 가정마다 생각이 다릅니다. 그래서 어떤 스타일에도 장단점이 있으니 어느 것이 정답이라고는 말할 수 없습니다. 가정에 따라 경제 사정도 다르기 때문에 방식도 개별로 생각할 수밖에 없습니다.

여기에서는 제 개인의 생각을 말씀드리고자 합니다. 저는 기본적으로는 용돈제도 괜찮다고 생각합니다. 월정제나 집안일을 도우면 주는 성과급제도 좋다고 생각합니다. 다만 어떤 형태든 아이와 상의해 결정할 것, 일단 시작했으면 애초의 결정을 철저히 지키는 것이 중요합니다.

예를 들면 월정액으로 시작은 했지만, 금액이 너무 적어서 잘 지켜지지 않아 재고할 필요가 있습니다. 그런데 그렇다고 해서 규칙을 쉽게 바꾸면, 아이는 '조르면 어떻게든 되네'라고 인식할 가능성이 있습니다. 한번 결정한 사항은 그 기간만큼은 규칙대로 운용합니다. 조정이 필요한 경우에는 본인과 상의한 후 다음 달부터 변경할 것을 검토합니다. 월초에 전액을 한꺼번에 주지 말고 주 단위로 나누어 주면, 돈을 계획적으로 사용하는 아이도 있습니다. 그런 방법을 설명하고 본인의 의견을 들어봅니다.

주의 1 **성과급제에 '공부'가 조건이 되어서는 안 된다**

성과급제로 할 경우에는 몇 가지 주의할 점이 있습니다.

우선 '공부'나 '자기 관리에 필요한 일'을 조건으로 삼지 말아야 합니다. 공부나 자기 관리에 필요한 일은 아이 자신을 위한 일입니다. '공부하면 용돈을 준다'는 조건을 달면, 아이는 자신을 위해서가 아니라 돈을 받기 위해 공부를 하게 됩니다. 또 '부모를 위해 공부를 한다'는 생각을 하는 아이도 있습니다. 그런 방식은 절대로 금해야 합니다.

집안일에 관한 해설(146페이지)에서 '자기 관리에 필요한 일'과 '모두를 위한 집안일'을 구별해서 해설했지만, 용돈을 주는 조건이라면 모두를 위한 집안일이 좋습니다. 누군가를 위해 일을 하고 대가를 받는 건 나쁜 일이 아닙니다.

아이는 자신이 살고 있는 집을 '부모의 집'이라고 생각할 수 있습니다. 그래서 집 청소는 '부모의 일'이라고 여기기도 합니다. 그래서 '가족이 사는 집', '모두를 위한 청소'라는 개념을 가르치는 일도 중요합니다. 아이가 집안일을 돕는다면 용돈만 건네는 것이 아니라, 감사의 말도 함께 전하도록 합시다. 그러면 아이는 '모두를 위해 일을 하면 모두가 기뻐하는구나'라고 느낄 것입니다.

주의 2 용돈을 '본인의 문제'라고 생각하는가

돈 문제에 대해서는 각 가정의 생각이나 경제 사정이 다르기 때문에, 그 부분에 대해서는 그다지 조언하지 않고 있습니다. 다만 여러 가정을 보아온 의사로서 한 가지는 말씀드릴 수 있습니다. 그것은 아이 본인이 스스로 용돈과 관련한 고민을 하고 있다면 돈 관리가 큰 문제는 되지 않을 때가 많다는 것입니다.

아이가 월초에 용돈을 다 써버린다고 해도 본인이 남은 기간을 잘 참고 지낸다든가, 부모와 상의해 '주급'으로 바꾸는 대책을 생각해낸다면 부모와 자녀 관계가 어긋나는 일은 기본적으로 없습니다.

반면에 용돈의 사용 방식에 큰 문제가 없더라도 아이가 '용돈은 받는 게 당연해'라는 생각이 굳어지면, 필요할 때마다 부모에게 매달리면서 돈 문제를 마치 남의 일처럼 여길 수도 있습니다. 그래서 아이는 돈이 부족해지면 '내 잘못이 아니야', '부모가 냉정한 거야, 너무해'라고 생각할 수 있습니다.

어떤 방식이든, 본인과 상의해서 규칙을 정하고 시작했다면 그 결정을 지키도록 합니다. 규칙 안에서 본인이 부모에게 의지하지 않고, 나름대로 대책을 마련할 수 있도록 지원해주시기 바랍니다.

상황별 포인트 ⑧ 수면 부족(건강 관리)

아이 본인이 수면 부족으로 고민하는 경우는 드물지만, 아이가 밤늦도록 자지 않는 습관을 어떻게든 개선해보고 싶은 마음에 상담을 의뢰하는 부모가 있습니다.

사례 11 늦은 밤까지 동영상을 보느라 늘 잠이 부족한 아이

흔한 경우는 아이가 밤늦게까지 동영상이나 게임에 빠져 있다 보니, 늘 잠이 부족하다는 고민입니다. 주로 '수면 부족으로 아침에 일어나지 못한다', '일어나도 종일 기운이 없다', '학교에서 졸고 있다'는 고민입니다.

해설

발달장애를 해설하면서 '하고 싶은 것'과 '해야 할 일' 사이의 균형에 대해 자주 말씀드렸습니다. 수면 부족 문제는 그런 균형의 문제라고 생각합니다. 다음 그림을 보아주세요.

우리는 매일 '하고 싶은 것'과 '해야 할 일' 사이에서 균형을 유지하며 살고 있습니다. 다음 페이지의 상부 그림은 그런 균형이 적당한 수준을 유지하는 경우입니다(일반적인 사람의 시간 분배). 왼쪽이 하고 싶은 것이 많고, 하고 싶은 것을 마음껏 할 수 있는 날이고, 오른쪽이 해야 할 일이 많고, 하고 싶은 것을 참아야 하는 날입니다. 우리는 이 사이를 왔다 갔다 하면서 균형을 유지하며 살고 있습니다. 그리고 보통은 거의 매일 자기 관리에 필요한 일이나 수면에 일정한 시간을 사용하고 있습니다.

한편 하부 그림은 균형이 다소 어긋난 경우입니다(발달장애 특성이 있는 사람의 시간 분배). 집착이 강한 사람, 일상의 자기 관리에 힘이 많이 드는 사람은 이런 형태로 '하고 싶은 것'을 하는 자유 시간을 늘려가며 기분을 전환하는 것이 중요합니다. 그렇게 하지 않으면 스트레스가 쌓이기 쉽습니다. 이런 사람은 해야 할 일이 많은 날에도 하고 싶은 것을 줄일 수 없습니다. 발달장애인 중에는 이런 사람이 많습니다.

이런 사람은 해야 할 일이 너무 많은 날에는 자기 관리를 위한 일이나 수면 시간을 줄입니다. 자는 시간을 아껴서 하고 싶은 것을 하려고 합니다. 해야 할 일이 많은 날은 스트레스도 많기 때문에, 하고 싶은 것에 평소보다 많은 시간을 사용합니다. 그렇게 해서 균형을 유지하는 것입니다.

대응 1 늦은 밤이 아니라, 주간 활동으로 대처한다

아이가 동영상이나 게임에 빠져서 밤늦게까지 잠을 안 자는 것은

'하고 싶은 것'과 '해야 할 일' 사이의 균형

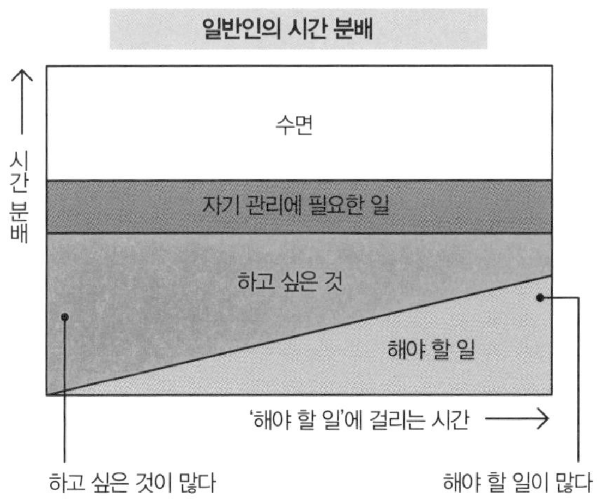

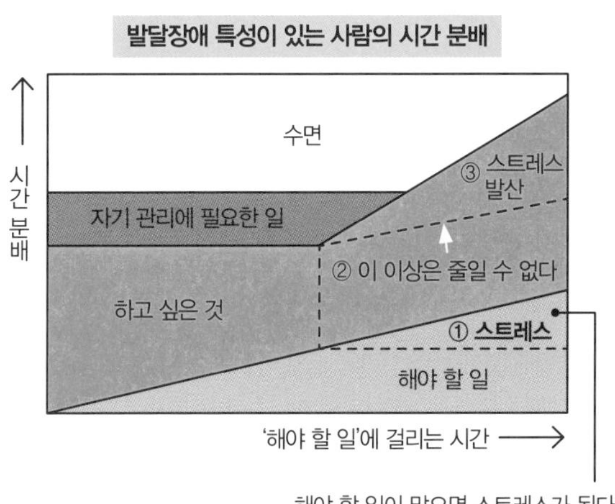

낮 동안에 스트레스가 많아서일 수 있습니다. **아이가 낮 동안에 하고 싶은 것을 하게 되면 밤에 푹 잘 수 있습니다.** 다음 날에도 잘 일어나서 하고 싶은 것을 해야 하기 때문입니다. '내일 아침 일찍 일어나지 않으면 늦을 수 있으니, 이제 그만 자야지' 하면서 스스로 동영상이나 게임을 중단할 수 있습니다.

그게 안 된다는 것은 낮 동안의 활동이 재미없고 스트레스가 쌓여 동영상이나 게임으로 기분 전환을 하지 않으면 못 견디는 것이지요. 그런 경우, 밤늦게까지 안 자는 것이 문제가 아니라, '내일도 재미없겠지'라는 생각이 문제입니다. '학교생활에는 문제가 없는지', '아이가 낮 동안 즐거울 만한 활동은 없는지' 검토해보고, 낮 시간을 보내는 방식에 변화를 줄 필요가 있습니다.

대응 2 **아침에 일어나서 컨디션이 괜찮다면, 밤늦게까지 깨어 있어도 문제는 없다**

한편 거의 밤샘을 하더라도 아침에 잘 일어나 학교에 가서 다양한 활동을 즐기고 있다면, 그다지 걱정하지 않아도 좋다고 생각합니다. 건강상 딱히 문제가 없다면 그런 스타일이라고 생각하고 지켜봐주는 것도 좋겠습니다.

저 역시 수면 시간은 대체로 3~5시간 정도입니다. 일을 마치고 귀가하면 한밤중까지 음악이나 예능 프로그램, 드라마 같은 동영상을 보면서 기분 전환을 합니다. 그리고 다음 날 아침 4시경에는 일어나 출근합니다. 저의 경우 일도 즐겁고, 보람도 느끼기 때문에 아침에 잘 일어납니다. 하지만 따로 하고 싶은 것도 많아서 수면 시간을 줄이고 있습니다. 그렇다고 몸이 상하지는 않기 때문에 저는 그런 생활 스타일에 만족하고 있습니다.

주의 **'자고 싶어도 못 자는' 경우에는 의료 기관에 상담한다**

잠이 부족한 아이 중에는 본인이 '밤에는 잘 자고 싶다', '아침에 잘 일어나고 싶다'는 마음이 있는데도, 잘 자지 못해서 고통받는 아이도 있습니다. 그런 경우에는 환경을 바꿔주거나 경우에 따라서는 약을 이용한 치료가 필요할 수도 있습니다.

본인도 고민하고 있거나, 부모가 볼 때 '힘들어 보인다'고 느껴진다면 의료 기관의 상담을 받아보는 것도 검토해보시기 바랍니다.

상황별 포인트 ⑨ 매너

저는 발달장애 아이를 상식이나 평균에 얽매이지 말고, 나름의 개성 있는 아이로 키우는 것이 좋다는 이야기를 여러 곳에서 했습니다. 그러다 보니 '개성도 좋지만, 어느 정도의 매너도 가르쳐야 하는 것은 아닐까?' 하는 질문을 받을 때도 있습니다. 예를 들면 최근에 있었던 다음과 같은 케이스입니다.

사례 12 **식사 중에도 스마트폰으로 아이돌 동영상을 보는 아이**

I는 초등학생 여자아이입니다. 이 아이는 해외 아이돌을 좋아해서, 시간이 나면

늘 그 아이돌의 동영상을 봅니다. 아이돌 정보를 얻기 위해 해외 뉴스도 찾아보다가 외국어도 조금씩 이해하게 되었습니다. 라이브 영상의 발신 일정도 꼼꼼하게 확인합니다. 다만 아이돌을 너무 좋아하다 보니 식사 중에도 동영상을 보는 일이 있습니다.

부모는 처음엔 주의를 주었지만, 아이의 열정이 강한 데다 동영상과 식사를 둘러싼 격한 실랑이가 반복되자 서로 상의 끝에 '엄마와 아이 둘만 있을 때는 식사 중이라도 OK', 하지만 '아빠가 함께 있을 때는 NG', '외식할 때도 NG'라는 규칙을 만들었습니다. 친구와 주변 사람이 함께 있을 때도 NG로 정했습니다.

부모는 백번 양보해 최소한의 매너 규칙을 세우긴 했지만, 그렇게까지 해서 아이의 개성이나 집착을 인정해주어야 하는 것인지 고민입니다.

대응 최소한의 매너를 지키고 있다면 문제는 없다

이 사례는 전혀 문제 될 것이 없다고 생각합니다. I는 집 안에서는 어느 정도 자유롭게 살고 있고, 밖에서 식사할 때는 최소한의 매너도 지키고 있습니다. 지금까지 말씀드린 '자신이 하고 싶은 걸 한다', '사회 규범은 지킨다'는 실천이 가능하다면 이대로 계속하기 바랍니다. 부모와 자녀가 서로 대화로 쌍방 합의한 뒤에 매너를 정한 것도 좋은 방식입니다.

상식적으로 생각하면 '식사 중에 동영상이라니'라고 생각할지도 모르지만, 저도 혼자 식사할 때는 동영상을 보면서 먹습니다. 최근 한 예능인 콤비를 좋아하게 되면서 그 콤비가 출연한 프로그램이나 동영상을 모두 보는데요, 일이 끝나면 영상이 너무 보고 싶어서 식사 중에도

당당하게 봅니다. 자유 시간에 좋아하는 것을 하는 것은 좋습니다. 아무리 많이 해도 상관없다고 생각합니다.

주의 부모와 자녀가 규칙을 정할 때의 포인트

이 사례처럼 가정에서 어떤 규칙을 정할 때 주의하면 좋은 포인트가 몇 가지 있습니다.

① 부모와 아이가 모두 납득할 수 있는 규칙으로

발달장애 아이와 함께 규칙을 정할 때는 아이의 흥미나 특성을 이해하고, 상식에 구애받지 않는 유연한 발상이 중요합니다. 하지만 부모의 입장에서는 '이런 매너 정도는 지켰으면' 하는 마음도 있겠지요. 그렇게 부모의 입장에서 '사회 규범'을 가르치는 것도 중요합니다. 부모와 자녀가 자주 대화하면서 서로에게 납득할 수 있는 규칙을 정합니다.

② 상황별 규칙이 달라도 OK

'집 안에서 매너를 지키지 못한다면, 밖에서도 지키지 못하는 것이 아닐까'라는 걱정을 할 수도 있지만, **가정이나 학교, 외출 장소 등 장소별로 규칙은 달라져도 좋습니다.**

가정은 편히 쉴 수 있는 장소이기 때문에 매너에 다소 관대해도 좋겠습니다. 반면에 학교나 외출 장소에서는 일정한 매너를 지켜야 평화가 유지되므로, 어느 정도는 타인에 맞춰 매너를 지키는 것이 좋습니다.

그렇게 유연성을 가질 수 있다면 아이는 사회 규범을 지켜야 하는 외출 장소에서는 타인에게 맞추기 위해 다소 긴장하다가도, 집에 돌아와서는 편하게 지내면서 균형을 유지하게 됩니다.

③ 처음이 중요, 지나친 변화는 NG

발달장애 아이는 한번 규칙을 정하고 따르기 시작하면, 그 행동 패턴이 고정화되는 경향이 있습니다. 특히 AS의 특성이 있는 아이는 그런 경향이 강합니다.

나중에 규칙을 바꾸게 되면 아이가 '왜 전에는 가능했는데, 지금은 안 되는 거지' 하며 혼란스러워할 수 있습니다. 가능하면 부모와 자녀가 서로 충분히 이야기를 나눈 후 **처음부터 납득이 가능한 규칙을 정하는 것이 가장 좋습니다.** 물론 해보고 나서 문제가 생기면 규칙을 조정해도 좋겠지만, 계속 이랬다저랬다 바꾸는 것은 권장하지 않습니다.

후편 : 대인 관계·공부·학교 편

상황별 포인트 ⑩ 대인 관계

대응 1 발달장애 아이에게 '친구와 사이좋게'라고 말해서는 안 된다

대인 관계에 관한 상담은 상당히 많습니다. 다양한 사례가 있습니다만, 여기에서는 개별 대응보다는 대인 관계의 기본을 설명하겠습니다.

2장에서 포인트로도 거론되었지만, **발달장애 아이에게 '친구와 사이좋게'라고 말해서는 안 됩니다.** 발달장애 아이에게 친구와 사이좋게 지내길 바라는 것은 '무엇보다 우선은 다수에 맞추는 것이 중요하다'고 말하는 것과 같습니다. 그러면 발달장애 아이는 자신이 하고 싶은 대로 할 수 없을 가능성이 있습니다. 친구와 사이좋게 지낸다는 게 나쁜 건 아니지만, 목표가 되어서는 안 됩니다.

발달장애 아이에게 친구와 친해지는 것은 목적이 아니라 결과입니다. 좋아하는 걸 하고 있는데 문득 깨닫고 보니 옆에 같은 활동을 하는 아이를 발견하는 겁니다. 어쩌다 보니 함께 활동하게 되고, 그러는 사이에 결과적으로 둘이 친해지는 거지요. 발달장애 아이는 그렇게 친구를 사귀기도 합니다. 억지로 친해지는 것이 아니라, 마음이 맞아 친구가 되었으니 일반적인 '친구'보다 오히려 사이가 더 좋기도 합니다.

대응 2 '사이좋게'라고 말하지 않고, 친해질 계기를 만든다

최근에는 가정이나 학교에서도 '모두 사이좋게'라는 말을 많이 하는 것 같습니다. 하지만 그것은 예부터 소중히 여겨온 가치관이 아니라, 최근에 생긴 풍조라고 생각합니다. 저는 어릴 때 그런 말을 들으며 성장한 기억이 없습니다.

간혹 학교에서는 '화합이 중요하다'고 말하는 사람이 있는데, 화합의 중요성을 알리고 싶다면, 아이들에게 그렇게 말할 것이 아니라, **아이들이 마음껏 뛰어노는 사이에 결과적으로 화합을 이룰 수 있는 활동을 계획해야 합니다.**

예를 들면, 우리 어른은 초면인 사람과 술을 마실 때 먼저 자기소개를 하거나, 간단한 게임을 하기도 합니다. 그런 장치를 통해 분위기가 편안해지도록 머리를 쓰는 거지요. 모임을 주관하는 사람은 그런 장치를 곧잘 기획해내곤 합니다.

우리는 발달장애 아이들의 집단 활동을 기획할 때 늘 어떻게 하면 어색함이 해소될 수 있을까 고민합니다. 예를 들면 짝꿍의 성격이 서로 잘 안 맞아 보이면 그 아이들의 자리를 서로 떨어뜨려놓고, 한쪽 아이의 관심을 끌 만한 활동을 설정합니다. 또 다른 한 명에게는 다른 즐길 거리를 준비해줍니다. 그렇게 하면 그 둘은 자연스럽게 각자 활동하면서 또 다른 누군가와 친하게 놀기도 합니다. **굳이 '친하게 지내야 해'라고 말하지 않아도, 친해질 환경을 만들어주면 아이들은 결국 사이가 좋아집니다.** 불필요한 충돌을 방지할 수도 있습니다.

학교에서도 '모두 사이좋게 지내요'라고 말하지 않고, 그런 기획을 생각해보는 편이 좋지 않을까요. 저는 육아나 교육은 어른이 어떤 기획을 할 수 있는가, 어떤 환경을 만들어줄 수 있는가에 따라 달라진다고 생각합니다.

또 대인 관계에서는 **'형제 관계가 어렵다'**는 문제로 상담을 의뢰하는 일도 있습니다. 대부분 **형제 중 한 명에게 발달장애가 있고, 다른 한 명은 '정형 발달(비장애)'인 사례**입니다. 정형 발달이란 발달에 특이성이 없는 발달을 말합니다. 예를 들면 다음과 같은 사례입니다.

사례 13 발달장애가 있는 큰아이를 비장애 작은아이가 놀린다

J는 초등학생 남자아이로, ASD 진단을 받았습니다. J에게는 두 살 아래의 여동생이 있습니다. 여동생은 비장애아입니다. J는 말이 어눌하고 질문의 의도를 잘 이해하지 못해서 자주 말문이 막히기도 합니다. 반면에 여동생은 말의 달인입니다. J에게 묻는 말에 대신 대답하기도 합니다.

둘이 어릴 때는 사이가 좋았지만, 연령이 높아지면서 여동생이 J를 무시하는 듯한 태도를 보이기 시작했습니다. 부모는 그때마다 여동생에게 주의를 주지만, 여동생은 '자신이 좀 더 잘한다'는 걸 알고 있는지 문제가 좀처럼 해소되지 않습니다.

대응 아이들을 비교하지 말고, 개별적으로 칭찬한다

'사람을 무시한다'는 건 능력적으로 상대를 아래로 보는 행위입니다. 그런 태도가 늘어난다는 것은 아마도 사례의 여동생이 능력주의적 사고방식을 갖고 있기 때문이겠지요. 가정이나 학교에서 다른 아

이와 능력을 비교당할 때가 많아서, 여동생 자신도 능력주의로 고민하기 때문에 그 고통을 오빠에게 터뜨리는 것이라고 생각합니다.

부모나 교사가 아이의 능력을 중요시한다면 아이에게도 그런 사고방식이 전이됩니다. '몇 살에 이런 걸 한다는 건 대단하다'거나, '이것이 안 되면 부진한 것'이라는 사고방식을 당연시하게 되고, '이 아이는 잘한다', '저 아이는 못한다' 같은 정보에 민감해져서 아이는 '나도 열심히 해야 한다'는 생각에 초조해집니다. 그리고 자기보다 잘하지 못하는 아이를 보면 '저 아이는 나보다 못한다'고 느끼게 됩니다. 능력 경쟁을 부추기는 환경에 놓이면, 여유가 없어지고 늘 상하 관계를 의식하게 될 수 있습니다. 그 결과 자기보다 능력이 못한 상대를 무시하게 될 수도 있습니다.

그런 사태를 방지하기 위해서는 어른이 평소에 능력주의적 사고를 보이지 않는 것이 중요합니다. 아이를 다른 아이와 비교하지 않도록 합니다. 사회적 평균치와도 비교하지 않도록 합니다. 아이 본인의 성장에 주목합니다. 그런 자세를 염두에 두어야 합니다.

부모가 발달장애 아이를 돌보는 데 집중하다 보면 '오빠도 열심히 하고 있다'는 걸 강조하면서, 여동생에게는 '너는 잘하니까 스스로 해'라고 말하기 쉽습니다. 하지만 그렇게 아이들을 비교하다 보면, 여동생은 불만이 쌓이게 됩니다.

오빠를 돌보는 것이 물론 중요하지만, 여동생도 나름대로 열심히 하는 부분은 개별적으로 파악해 칭찬해주기 바랍니다. 오빠에 비하면 여동생은 어려움 없이 잘해내는 것처럼 보일 수도 있으나, 여동생에게도 '이건 열심히 했다', '칭찬받고 싶다'는 포인트가 있습니다. 그 부분을 여동생이 성취감을 느꼈을 때 칭찬해준다면, 불만이 해소될 수 있습니다.

자신에게 알맞은 칭찬을 받은 아이는 자신감이 붙고, 다른 아이에게 너그럽습니다. 자신감이 생기고 여유가 있으면 아이는 다른 아이를 무시하지 않습니다. 그런 아이는 나름대로 잘하고 있고, 만족하고 있어서 다른 아이와 경쟁할 필요가 없기 때문입니다. 그런 모습을 연상하면서 아이를 한 명씩 개별적으로 칭찬해줍니다.

상황별 포인트 ⑪ 놀이·취미

놀이에 관해서는, 가끔 '혼자 노는 일이 많아' 걱정이라며 상담하러 오실 때가 있습니다.

사례 14 혼자 놀 때가 많고, '친구랑 놀지 않는' 아이

예를 들면, 아이가 '유치원에서 친구와 놀지 않는다'는 고민입니다. 이 책을 읽고 있는 독자라면 이미 알고 계시겠지만, 혼자 노는 일이 많다고 해서 딱히 문제 될 일은 없습니다. 어떻게 놀든 그건 아이의 자유입니다. 본인이 즐거우면 그만이지요.

사례 15 **집에 오면 혼자 줄곧 게임만 하는 아이**

비슷한 사례 중에 '학교에서는 비교적 친구와 잘 노는데, 집으로 돌아오면 혼자 줄곧 게임만 한다'는 아이도 있습니다. 이것도 기본적으로는 '자유롭게 마음껏' 해도 상관없겠지만, '줄곧 게임만' 혹은 '줄곧 동영상만' 본다면 다른 분야도 함께 즐길 수 있도록, 약간의 개입을 해보는 것도 좋을 수 있습니다.

대응 **다른 놀이를 권유해보고, 관심을 보이면 계속한다**

예를 들면 그림 그리기, 플라모델 만들기, 보드게임, 영화, 스포츠, 전철 타고 멀리 가보기, 아침에 낚시하기, 캠프 같은 것들입니다.

반드시 새로운 체험을 하는 것이 좋은 건 아니지만, '이런 것도 있단다'라고 선택지를 보여주고, 아이가 관심을 보인다면 해보는 것도 좋습니다. 그래서 흥미가 생기면 다음은 내버려두어도 적극적으로 활동하게 됩니다. 본인이 '아직 ○○하고 싶다'고 말한다면, 다음에 기회를 만들어줍니다.

반대로 **체험해보고도 흥미 없어 한다면 무리하게 지속하지 말고 내버려둡니다.** 시도는 1~2회로 충분합니다. 아이가 의지를 보이지도 않는데 부모가 '모처럼 시작했으니', '몇 번 가보면 친구도 생길 거야' 하면서 의도를 드러내면, 아이는 활동이 점점 즐겁지 않을 수 있습니다. 놀이가 목적이 아니라 '부모를 위한', '사교를 위한' 활동이기 때문입니다.

상황별 포인트 ⑫ 게임

놀이 관련 예시로 게임을 들었는데요, 게임을 둘러싼 상담은 정말 많습니다. 특히 많은 문제가 약속을 지키지 않는다는 점인데요, 예를 들면 다음과 같은 내용입니다.

사례 16 '게임은 1일 1시간', 약속을 지키지 않는 아이

K는 초등학생 남자아이입니다. 처음에는 게임기가 없었는데, 친구 집에서 놀아 본 후 게임에 푹 빠져서 부모에게 자꾸 사달라고 졸랐습니다.

부모는 게임을 시작하면 시간만 빼앗길 것 같아서 가능하면 집에는 두고 싶지 않았습니다. 하지만 K가 친구 집에 매일 가려고 하는 바람에 너무 민폐를 끼치는 것 같아 어쩔 수 없이 게임기를 사주기로 했습니다. 다만 게임을 지나치게 하지 않도록 가족이 함께 상의해 '게임은 1일 1시간', '숙제를 다 마치고 난 후'에 하기로 약속했습니다.

하지만 막상 게임기를 사고 나니, K는 약속을 지키지 않았습니다. '숙제도 안 하고 게임을 하거나', '1시간만 한다면서 1시간 30분까지 질질 끌고', '부모가 집을 비우면 장시간 게임을 하는' 문제가 생겼습니다. 부모는 그때마다 주의를 주었지만, 효과가 없었습니다. 부모는 '어떻게 하면 아이가 약속을 지킬 수 있을까', '애초에 게임기를 사지 않는 편이 좋지 않았을까' 고민하고 있습니다.

해설

왜 아이는 게임 시간 약속을 지키지 않는 걸까요?

이런 사례에서 부모는 약속을 '아이와 함께 결정했다'고 생각하는 반면에, 아이는 '부모가 마음대로 결정했다'고 생각할 수 있습니다. 약속은 했지만, 아이가 납득한 건 아닐 수도 있는 거지요.

왜 그런가 하면, 아이는 게임기를 갖기 위해서는 납득할 수 없는 약속이라도 일단 '지킨다'고 말하기 때문입니다. 아마도 아이는 '지켜야지' 하는 마음으로 '지킨다'고 말했을 겁니다.

그랬을 때 아이가 약속을 지키지 못하면 부모는 당연히 '이야기가 다르지 않냐'며 화를 내겠지만, **아이로서는 '부모가 억지로 밀어붙인 약속이고, 자신은 반드시 지킨다고 말한 기억이 없다'는 정도로 인식**했을 수 있습니다. 그래서 서로 엇갈리는 것입니다.

아이도 처음부터 '약속을 깨버려야지' 하고 생각하지는 않았겠지요. 하지만 게임을 시작해보니, 재미있어서 좀처럼 멈출 수가 없었을 것입니다. 사전에 정한 약속을 지키기가 어려워진 것입니다. 그래서 결과적으로 약속을 깨버린 것이고요.

앞에서도 말씀드린 것처럼 요즘 게임은 '중단 타이밍'이 거의 없습니다. '1일 1시간'을 지키지 못한다고 '1일 2시간'으로 늘리면 문제가 해결될까요. 그것은 보증할 수 없습니다. 부모와 자녀가 철석같이 약속한다고 해도, 게임의 플레이 시간을 통제하기는 어렵습니다.

대응 게임 이외의 즐길 만한 활동을 찾아보자

아이가 '게임 중단'이라는 약속을 지키는 것은 어려운 일이라는 걸 전제로, 대응 방법을 생각해볼 필요가 있습니다.

저는 약속을 조율하기보다 게임 이외에 즐길 만한 활동을 찾아보길 권합니다. 즐길 만한 활동이 게임 외에도 다양하게 있다면, 게임에 사용하는 시간은 줄어들 것이기 때문입니다.

제가 보아온 아이 중에는 '게임도 좋지만, 전철도 좋다'고 말하는 아이가 있습니다. 그런 아이는 부모가 '내일은 이 전철을 타러 갈 테니, 게임은 몇 시까지만 하렴' 하고 말하면, '아, 그렇지'라고 하면서 약속을 지키기도 합니다. 상대적이긴 하지만, 게임 외에도 즐길 거리가 있으면 게임에 빠지는 시간은 줄어듭니다.

앞에서도 그림이나 플라모델, 스포츠 같은 놀이로 유도하는 방법을 설명해드렸는데요, 그렇게 다양한 기회를 만들어보고, 아이가 관심을 보이는지 관찰합니다.

사례 17 게임에서 친구를 사귀거나 인간관계를 배우는 아이도 있다

발달장애 아이 중에는 학교에서 많은 아이와 대면하면서 쌓아가는 인간관계에는 서툴지만, 온라인 게임을 매개로 만나는 친구와는 잘 지내는 아이가 있습니다. 게임에는 그런 측면도 있다는 것을 잠깐 말씀드리겠습니다.

발달장애 아이는 대화 중 임기응변적 대응에 서툴기도 하고, 상대의 표정을 잘 살피지 못하기도 합니다. 그런 경우 대면 커뮤니케이션은 아무래도 쉽게 긴장하게 되지만, 게임으로 소통할 때는 자신의 페이스대로 화면을 보면서 교감을 나눌 수 있으니, 긴장감은 다소 누그러집니다.

그런 아이는 게임을 하면서 친구를 사귀기도 합니다. 혼자서 게임을 즐기는 아이도 있지만, 게임으로 인간관계를 넓혀가는 아이도 있습니다. 최근에는 플레이어끼리 팀으로 겨루는 게임이 많이 나와서 그런 게임을 통해 역할 분담을 배우는 아이도 있습니다. 일상에서 대인 관계에 어려움을 겪던 아이가 게임에서는 조정자 역할을 하는 일도 있습니다. 게임 안에서 정보를 주고받다가 친구에게 방법을 알려주기도 하고 선배에게 경어를 쓰기도 하면서 커뮤니케이션의 폭을 넓히기도 합니다. 게임을 통해 뭔가를 배우는 아이도 있다는 점을 알아두시기 바랍니다.

흥미로운 점은 평소에는 상하 관계에 거의 신경을 쓰지 않던 아이가, 좋아하는 게임을 자기보다 잘하는 사람과 만나면 예의 바르게 대하는 법을 몸에 익히기도 합니다. 아이는 '하고 싶은 것'을 할 때 많은 것을 배우는 법입니다.

아이들은 커뮤니케이션이나 인간관계를 배우기 위해 게임을 하는 것은 아닙니다. 하지만 '하고 싶은 것'을 마음껏 하게 되면, 결과적으로 좋은 경험이 될 수도 있습니다.

게임에는 그런 측면도 있으니 '무조건 플레이 시간을 줄이려고' 하지 않아도 좋지 않을까요. 다양한 즐길 거리 중 하나로 게임이 있고, 아이가 지나치게 빠져들지 않고 놀 수 있도록 함께 환경을 만들어가면 좋겠습니다.

상황별 포인트 ⑬ 스마트폰

아이가 중학생 정도 되면, 스마트폰 사용에 문제가 생기는 일도 있습니다. 'SNS로 친구와 트러블이 생겨서', '스마트폰 게임을 너무 많이 해서', '동영상만 계속 보고 있어서' 같은 고민 상담입니다.

대응 1 SNS의 사용 방식에 대해 함께 이야기해도 좋다

SNS 트러블에 대해서는 인터넷 리터러시(활용 능력) 문제와 인간관계 자체로 인한 문제가 다를 수 있으니 그에 맞춰 대처하는 것이 중요합니다. 발달장애 아이는 SNS에 자기 생각을 그대로 적어 넣는 경우가 있기 때문에 **'어떻게 적으면 상대가 잘 받아들일 수 있을지'** 함께 고려해야 합니다. 연령에 따라 다르겠지만, 부모와 자녀가 그 문제에 대해 함께 이야기할 기회를 가져도 좋겠습니다.

게임이나 동영상 같은 특정한 취미에 너무 많은 시간을 사용하는 문제는 이미 설명해드린 바와 같습니다. '하고 싶은 것'과 '해야 할 일' 사이의 균형을 유지하면서 건강에 주의합니다. 그리고 가능하면 다른 즐길 거리를 찾아봅니다. 스마트폰도 대응법은 다르지 않습니다.

대응 2 밤늦게까지 깨어 있어도 무리하게 규제할 필요는 없다

스마트폰을 손에 잡으면 한밤중까지 보는 아이도 있지만, 그런 시간을 무리하게 단속할 필요는 없다고 생각합니다.

사춘기 아이에게 밤은 매력적인 시간대입니다. 온전히 자기다울 수 있는 시간대이기도 합니다. 특히 발달장애가 있으면서 낮 동안 마음대로 안 되는 일이 많은 아이에게는 타인에게 방해받지 않는 밤 한때가 매우 소중합니다. 늦은 밤을 즐기는 것도 중요하므로 그것을 규제하려고 하기보다는 다른 즐길 거리를 찾아주는 노력을 해보기 바랍니다.

아이가 낮 동안에 꾸중 듣는 일이 줄고 즐거운 활동이 늘어나면, 굳이 밤에 장시간 스트레스를 해소하지 않아도 괜찮아집니다. 밤에도 적당히 즐기면서 다음 날 맞이할 즐거운 시간을 위해 자려고 합니다. 그런 형태로 도움을 주도록 합니다.

상황별 포인트 ⑭ 숙제

1장의 질문에서 '숙제에 시간이 걸린다'는 사례를 소개했습니다. 그때 '본래 숙제 같은 건 필요치 않다'고 말씀드렸지요. 숙제가 있든 없든 공부는 하고 싶은 아이는 하고, 하기 싫은 아이는 안 합니다. 그러니 숙제는 별 의미가 없습니다. 저는 그렇게 생각합니다.

해설

애초에 숙제는 필요 없는 것입니다. 숙제로 고생하는 아이가 있고 그 아이를 어떻게 도와야 할지 고심하는 부모가 있는 사정이니, 숙제는 해밖에 없다고 말해도 좋겠지요. 그래서 최근에 저는 짧은 시 하나를 지어 여러 곳에 알리고 있습니다.

숙제라는 건 백해무익한 것

사실은 1장에서도 이 문구를 잠깐 언급했습니다. 중요한 사항이니 재차 강조하고 싶어서 여기에도 다시 적어둡니다.

숙제는 해는 있어도 득은 없습니다.

여러분도 '숙제는 별 의미 없다', '오히려 아이만 힘들게 할 때가 많다'는 말에 공감한다면 이 짧은 문구를 꼭 널리 퍼뜨려주시기 바랍니다.

대응 숙제를 '아이가 하고 싶을 때 한다'면 OK

숙제는 백해무익하니, 부모는 평소 아이에게 숙제를 시키려 하거나, 아이가 숙제할 때 꾸짖지 않도록 합니다. 부모가 '숙제는 당연히 하는 것'이라는 태도를 보이면, 아이도 숙제를 의무처럼 느끼게 됩니다. 그것은 바람직하지 않습니다.

부모가 특별히 시키지 않아도 아이 본인이 '숙제할래요'라고 말하면서 자주적으로 나선다면 그대로 하게 두어도 상관없습니다. 숙제가 본인이 배우고 싶은 내용과 우연히 맞아떨어지면 좋은 학습 기회가 될 수도 있습니다.

또 본인이 할 마음이 없어 보인다면 숙제가 그 아이에게는 너무 쉽거나, 너무 어렵거나, 관심이 없어서일 수 있습니다. 그럴 때는 숙제를 해도 별 의미가 없으므로 시키지 않아도 좋겠습니다. 그러다 보면 아이가 '숙제는 하고 싶을 때만 하고, 하기 싫을 때는 넘겨버리는' 것으로 생각하는 대담함이 생기기도 합니다. 숙제는 그 정도의 대응이면 충분하다고 생각합니다.

만약 숙제를 안 하는 것이 학교에서 문제가 된다면, 부모와 교사가 상의해 1장에서 해설한 것처럼 숙제 내용이나 난이도를 조절해야 합니다.

상황별 포인트 ⑮ 공부

'숙제란 백해무익한 것'이라는 말에, '그래도 공부는 중요하잖아요', '숙제에도 의미가 있지 않을까요'라고 말하는 사람도 있습니다. 공부를 중요하게 생각하는 사람이라면, 그렇게 생각할지도 모릅니다.

해설

하지만 아이가 힘들어하거나 학습이 거의 불가능한 상태에서도 공부나 숙제를 시키려는 것은 기본적으로 '부모의 사정'입니다. 왜 어른은 아이에게 공부를 시키고 싶어 할까요? 부모가 아이에게 공부를 시키고 싶어 하는 심리는 크게 2가지로 나뉩니다.

① 내가 공부해서 잘되었으니, 아이에게도 공부를 시키고 싶다

② 나는 공부를 못했어도 운 좋게 잘 풀렸지만, 아이에게는 공부를 시키고 싶다

①은 고학력으로 좋은 직업에 대한 성공 체험을 쌓은 사람에게 자주 보이는 패턴입니다. 아이에게도 자신처럼 성공한 인생을 살게 하

고 싶어서 공부를 시키게 됩니다.

②는 부모에게 공부 이외의 뭔가 잘하는 일이 있어서 우연히 잘된 패턴입니다. 부모는 자신이 운만 좋았던 것일 뿐, 역시 공부가 중요하다고 생각하며 아이에게도 시키려고 합니다.

①과 ②는 모두 아이의 장래가 걱정되어 공부를 시키려는 것입니다. 그 마음도 이해는 하지만, 그 역시 '부모의 사정'입니다. 아이 본인의 마음보다는 '부모의 안도감'을 우선으로, 아이에게 과제를 주고 있습니다. 그것은 아이에게 맞지 않는 과제이며, 부담을 주기도 하겠지요.

①과 ②의 차이를 보면 알 수 있듯이, 학교 성적이 좋거나 나쁜 것만으로는 사회인이 되었을 때의 사회 적응도를 점칠 수 없습니다. ②의 예처럼, 공부는 못했지만 잘되는 사람도 있습니다. 반대로 공부를 잘했어도 ①의 엘리트 코스에 오르지 못하는 사람도 있습니다.

'공부가 하고 싶은 아이는 어떻게든 한다'는 말이 무슨 의미인지, 참고가 될 만한 사례를 소개하겠습니다.

사례 18 스스로 해외 뉴스를 번역하는 아이

L은 초등학생 남자아이입니다. L은 전철을 좋아해서, 전철에 관한 것이라면 무엇이든 조사하다가 사건이나 사고, 재해가 일어나면 전철을 운행하지 않는다는 사실을 알게 되었습니다. 그래서 각 지역의 다양한 재해가 교통망에 끼치는 영향에도 흥미를 갖게 되었고, 조사도 하게 되었습니다.

처음에는 인터넷으로 국내 뉴스만 검색했는데, 그것만으로 만족하지 못하고 최근에는 CNN이나 BBC 같은 해외 뉴스도 찾아보게 되었습니다. 정보의 근원을

스스로 찾는 것입니다. 영어는 아직 이해 못하지만, 스스로 번역 앱을 깔아서 자국어로 번역하며 공부하고 있습니다. 과거에 일어난 일을 조사하고 파악하다 보니 각 지역의 역사나 지리에도 밝아졌습니다. 최근에는 뉴스를 보면서 재해 대책 전문가처럼 중얼거립니다.

공부란 그런 것입니다. 본인이 알고 싶은 분야를 조사하는 것입니다. 조사할 수단이 없으면 그것도 찾아봅니다. 하고 싶은 걸 하는 아이는 부모나 교사가 일일이 가르치지 않아도 스스로 알아서 배웁니다. 그리고 결과적으로 애초에 알려고 한 것보다 넓고 깊게 배우는 일도 있습니다.

대응 AS 타입·ADH 타입의 공부 포인트

공부는 기본적으로 아이 본인의 의지에 맡기는 것이 좋지만, 아이의 특성에 따라 공부 방법이 약간 다를 수 있으니 그 부족분을 채워주도록 합니다.

AS 타입 중에는 공부를 잘하는 아이가 종종 있습니다. 관심 있는 일에는 철저히 파고드는 경향이 있고, 흥미가 없더라도 스스로 어느 정도 계획을 세워 꾸준히 해내기도 합니다. 다만 학습 능력에는 개인차가 있어서 자신의 능력에 맞지 않는 공부는 힘들어합니다. '공부를 잘한다'기보다는 '꾸준히 충실하게 공부한다'는 말이 어울리겠지요. 관심 있는 일, 단계에 맞는 일은 잘 배웁니다. 내용이나 난이도가 맞지 않는다면 조절하도록 도움을 주는 것도 좋겠습니다.

ADH 타입의 아이는 쉽게 산만해져서 공부 습관이 좀처럼 정착되지 않습니다. 매일 숙제를 하고 지식을 차곡차곡 쌓아가는 학습 스타일은 맞지 않는 경우가 많습니다. 그보다는 할 마음이 생겼을 때 집중해서 공부하고, 전체적으로 앞뒤를 맞추는 것이 더 수월할 수 있습니다. '막상 닥치면 열심히 하는 아이' 정도로 생각하며, 평상시에는 지나치게 압박하지 않으면 좋겠습니다.

상황별 포인트 ⑯ 독서

공부와 관련해서는 '아이가 책을 읽지 않는다'는 상담 의뢰를 받을 때가 있습니다. 예를 들면 다음과 같은 사례입니다.

사례 19 책 읽기에 흥미가 없고, 공부도 진전이 없는 아이

M은 초등학생 여자아이입니다. 책 읽기를 힘들어하고, 공부도 좀처럼 진전이 없습니다. 받아쓰기나 읽기 같은 과제에 늘 애를 먹고 있습니다.

부모는 M이 어릴 때부터 그림책을 읽어주고, 인기 있는 아동 서적을 사주기도 했지만, M은 별로 관심을 보이지 않았습니다. 책을 읽어주면 듣기는 하지만, 스스로 책을 손에 들고 읽는 일은 없으며, 책은 책꽂이에 꽂아두기만 합니다.

부모는 어떻게 하면 아이가 책을 읽을 수 있을지 고민하고 있습니다. 친구로부터 "우리 아이는 교과서를 계속 소리 내어 읽다 보니, 조금씩 읽을 수 있게 되었어"라는 말을 듣고 그 방법도 써보았지만, M이 낭독을 힘들어하다 보니 반복적

으로 시키면 싫은 기색을 보여서 좀처럼 순조롭지 않았습니다.

대응 1 무리하게 독서나 낭독을 시킬 필요는 없다

아이가 책을 읽지 않는 것에 대해서는 여러 가지 이유를 생각해볼 수 있습니다.

책을 읽기보다는 몸 움직이기를 좋아해서 독서에 별로 흥미를 보이지 않는 아이도 있습니다. 책 읽기는 좋아하지만, 관심의 폭이 좁아서 좋아하는 책 이외에는 읽지 않는 아이도 있습니다. 아이에 따라서는 읽고 싶은 책과 읽고 싶을 때가 각각 다릅니다. 그중에는 소설은 전혀 안 읽어도 도감이나 카탈로그는 질리지 않고 읽는 아이도 있습니다.

상담 사례에도 있는 것처럼, 다양한 책을 보여주면서 아이가 흥미를 갖는지 지켜보는 것도 좋은 대응이라고 생각합니다. **본인이 읽고 싶어 하지 않는다면, 무리하게 독서나 낭독을 시킬 필요는 없습니다.** 독서는 조급하게 시키지 않아도, 뭔가에 관심이 생기면 아이는 스스로 다양한 책을 읽습니다.

다만 그중에는 학습장애로 읽고 쓰는 것이 어려워 책에 흥미를 보이지 않는 아이도 있습니다. 이 사례처럼 '책을 읽어주면 듣기는 하지만, 스스로 책을 읽으려고 하지 않는' 경우에는 읽고 쓰는 것이 힘들어서일 수 있습니다.

그럴 때는 아이가 독서 이외의 방법으로 소설을 즐기거나, 정보를 이해할 수 있도록 도움을 줄 필요가 있습니다.

대응 2 학습장애가 있을 때는 음성이나 영상으로 배우면 좋다

아이가 책을 거의 읽을 수 없으면 부모는 '공부가 뒤처지지 않을까' 걱정할 수도 있지만, 그렇지는 않습니다. 학습장애아 중에는 읽고 쓰기에 서툰 아이라도 고등학교나 대학에 들어가 하고 싶은 분야를 배우는 아이도 있습니다.

그런 아이들은 읽고 쓰기는 힘들어하지만, 음성이나 영상이라면 정보를 이해할 수 있습니다. 컴퓨터나 스마트폰, 태블릿 같은 기기에는 문자를 음성으로 읽어주는 기능이 있습니다. 그 기능을 이용하면 읽기가 어려운 아이도 문장을 귀로 듣고 이해할 수 있습니다. 드라마나 애니메이션을 감상할 수 있습니다. 문자를 쓰기는 힘들지만, 컴퓨터를 이용하면 문장을 키보드로 찍어서 생각을 표현할 수도 있습니다.

최근에는 학습장애가 있는 아이에게 학교에서 컴퓨터나 태블릿 이용을 허가하는 것이 일반화되고 있습니다. 읽고 쓰기가 힘들거나 그림책과 교과서를 잘 못 읽어도 공부는 가능하니 걱정하지 않아도 됩니다.

주의 학습량이 부족한 건지, 학습장애가 있는 건지 구별한다

다만 읽고 쓰기에 어려움을 겪는 아이 중에는 아직 문자를 충분히 배우지 않아서 힘들어하는 아이도 있습니다. 그런 경우는 학습장애가 아니고 앞으로 배워가면 되므로 책 읽기와 받아쓰기를 해봐도 좋겠습니다.

지금까지 일반적인 방법으로 읽고 쓰기를 충분히 학습했는데도 아

이가 힘들어한다면 학습장애일 가능성이 있습니다. 그런 경우 생활에 큰 지장은 없을 수 있기 때문에 가정에서 판단하지 말고 의료 기관에 상담하면서 대응해가기 바랍니다.

상황별 포인트 ⑰ 운동

아이가 학교 체육 시간에 철봉 거꾸로 매달리기라든가 매트 운동, 뜀틀, 줄넘기, 수영 등을 잘 따라 하지 못해서 주변 아이들의 놀림거리가 된다는 고민 의뢰를 받은 일이 있습니다.

사례 20 운동을 따라 하지 못해 체육 시간에 '놀림거리'가 되는 아이

예를 들면 체육 수업에서 아이가 한 사람씩 순서대로 실기를 해 보이는 일이 있는데, 그런 방식은 아이가 실패했을 때 '놀림거리'가 되어 상처를 받을 수 있습니다.

그런 일이 계속되면, 부모는 걱정되는 마음에 방과 후에 연습을 시키거나, 지역 스포츠 교실에 보내기도 하겠지요. 하지만 운동을 원래 잘하지 못하는 아이 중에는 반복해서 연습해도 좀처럼 익숙해지지 않는 아이도 있습니다. 제대로 연습을 시켜서 운동이 서툴다는 의식을 없애줄지, 아니면 무리하지 말라고 하면서 풀이 죽어 있을 때 위로해주는 것이 좋을지 고민해볼 부분이라고 생각합니다.

대응 1 운동도 무리하게 반복 연습시킬 필요는 없다

운동도 읽기나 쓰기처럼 아이가 해내기 어려워한다면 억지로 시키지 않는 것이 좋습니다.

발달장애 아이 중에는 전신운동이나 수작업을 힘들어하는 아이가 있습니다. 발달장애는 운동 방면에도 특성이 있어서 전신운동 중에도 구기 종목이나 철봉 거꾸로 매달리기, 자전거 타기 등을 특히 힘들어할 수 있습니다. 수작업에서는 연필이나 자, 가위 등을 잘 사용하지 못하는 경우가 있습니다. 이 장의 전편에서 '손끝이 여물지 못해 옷을 입을 때 늘 도움을 받는 아이'의 사례(136페이지)를 들었는데, 그런 어려움도 운동 방면의 특성 중 하나입니다.

그런 특성으로 인해 생활에 지장이 있는 경우에는 운동 방면의 장애가 있는 '발달성 협응장애DCD : Developmental Coordination Disorder'로 진단받는 경우가 있습니다.

아직 운동 경험이 적어서 동작을 몸에 익힐 기회가 많지 않았다면 연습을 해도 좋겠지만, 어느 정도 연습을 해도 좀처럼 나아지지 않고 본인이 고통스러워한다면 무리한 반복연습은 중단합니다. 일상적 동작이 불편해서 염려되는 일이 많다면, 의료 기관에 상담해 함께 대응을 검토해보는 것도 좋습니다.

대응 2 과제를 조절해서 운동을 즐길 수 있도록 합니다

읽기나 쓰기가 힘든 경우는 컴퓨터 사용 같은 대체 수단으로 학습할 수 있지만, 운동은 그렇게 할 수도 없습니다.

다만 운동에서 중요한 점은 생활에 필요한 신체 능력을 몸에 익히거나 몸을 자주 움직여서 건강을 유지하는 것입니다. 어려워하는 종목을 굳이 시킬 필요는 없겠지요. 그보다는 아이가 좋아하는 종목으로 몸을 움직일 수 있으면 좋습니다.

어려워하는 종목은 가능하면 학교 교사와 상담해서 과제를 조절해주기 바랍니다. 운동이 힘든 아이도 조금 연습해서 달성할 수 있는 과제라면, 지레 겁먹지 않고 시도해볼 수 있습니다. 예를 들면 철봉 거꾸로 매달리기에 아직 한 번도 성공하지 못한 아이에게는 좀 더 난도 낮은 동작을 설정해주는 것도 좋습니다. 단거리 달리기의 경우, 달리기가 빠른 아이와 같은 조에 넣지 말고, 비슷한 정도의 아이와 짝을 이루는 방법도 있습니다.

어른도 골프를 할 때는 초보자에게 핸디캡을 줍니다. 모두가 경기를 즐길 수 있도록 규칙을 조정하는 것이지요. 그와 마찬가지로 아이가 운동할 때도 잘하지 못하는 아이에게 굳이 타인 앞에서 어려운 것을 시키는 것이 아니라, 한 사람 한 사람이 몸을 움직이는 것을 즐길 수 있는 구조를 만들면 좋지 않을까요.

학교에서 국어나 산수 공부에 '특별 지원 교육'으로 발달장애 아이에게 개별적인 배려를 해주는 경우가 있지만, 체육에는 그런 대응이 아직 일반적이지 않습니다. 하지만 운동이 힘든 아이에 대한 체육 '특별 지원 교육'도 필요하다고 생각합니다. 잘하지 못하는 아이에게는 '개별 과제를 내주거나', '개별적으로 연습할 기회를 주거나', '별도의 과제로 즐겁게 몸을 움직일 수 있게' 지원해야 하지 않을까요.

아이가 '운동을 잘하지 못한다'는 고민은 학교 측의 배려 여하에 따라 해소될 수 있는 부분이 상당히 있습니다. 부모와 교사가 상의해 아이의 고충을 줄여주도록 합니다.

상황별 포인트 ⑱ 배우기

배우기에 관한 상담도 있습니다. 꾸준히 배우지 못한다는 것이 주된 고민입니다.

사례 21 배우기에 흥미를 보이다가도 금방 의욕을 잃어버리는 아이

예를 들면 "아이가 뭔가를 배우기 시작했다가 '금방 그만하고 싶다'고 말한다", "아이가 뭔가를 배우고 싶다고 애원해서 준비해주었더니 갑자기 '아무래도 못하겠다'고 말한다"라는 고민입니다. 아이의 의욕에 불이 붙은 것처럼 보여도 그것이 오래 지속되지 않는 일이 많은 것 같습니다.

대응 1 배우기는 '아이가 하고 싶은 것을 한다'가 대원칙

배우기에 대한 대응은 간단합니다. 아이가 하고 싶은 것을 합니다. 그것이 가장 중요한 원칙입니다.

이 책에서 거듭 해설하지만, 아이는 자신이 하고 싶은 것을 할 때 자신감이 생기고 성장합니다. 본인이 하고 싶은 것을 하는 것이 가장 좋습니다.

부모는 '장래에 도움이 되는 영어를 배우게 한다', '수영에 대한 두려움을 극복하게 한다'는 생각으로 가르쳐야 할 분야를 선정하기 쉽지만, 그것은 '부모의 사정'입니다. '이렇게 되기를 바란다'는 부모의 소망을 위해 무엇을 배우게 할지 결정하지는 말아야 합니다.

부모가 고심 끝에 '영어'나 '수영' 같은 것을 배우라고 권하는 것은 괜찮습니다. 시험 삼아 해보는 것도 좋다고 생각합니다. 다만 그것을 시작할지 말지 계속할지 말지는 아이 본인이 결정하도록 해주세요. **배우기는 본인이 '하고 싶다'고 말하면 하고, '그만두고 싶다'고 말하면 그만두는 식으로 단순하게 진행하도록 합니다.**

그러기 위해서는 부모가 평소에 아이에게 '시켜보고 싶다', '계속했으면 좋겠어' 하는 마음을 드러내지 않는 것이 중요합니다. 부모의 희망을 은근슬쩍 내보이면 아이가 그 마음을 감지하고 싫어도 하게 될 수 있습니다. 싫으면서도 하는 건 좋지 않으니 그렇게 되지 않도록 부모의 사정은 접어두고 대응하도록 합니다.

물론 아이가 원해도 가정의 경제 사정 때문에 지원할 수 없는 경우에는 무리할 필요가 없으며, 위험하거나 범죄로 이어질 가능성이 있는지도 살펴야 합니다. 그 밖에는 '아이가 원하는 일을 하게 한다'는 방침이면 좋겠습니다.

대응 2 '한번 정했으면 끝까지 해야지'라고 말해서는 안 된다

배우기와 관련해서는 '아이가 변덕을 부려서 애를 먹는다', '아이의 의욕이 금방 사라진다'는 이야기를 자주 듣기도 하는데요, 아이의 의욕은 본인이 하고 싶은 것을 할 때는 그렇게 간단히 꺾이지 않습니다.

의욕이 없어졌다면 그만큼 좋아하지 않는 것이니 억지로 계속하지 않는 것이 좋겠습니다.

아이가 '그만하고 싶다'고 말한다면, 배우기는 깨끗이 포기합니다. 좋아하는 일은 한번 그만두었어도 언젠가 다시 할 마음이 생길 수 있습니다. 그때 다시 시작해도 좋지 않을까요.

1년 단위로 운영되는 배우기 교실을 시작한 경우 아이가 중도에 의욕을 잃었을 때, 부모는 '네가 원해서 시작한 거니까 1년은 해야지!'라고 말하기 쉽습니다. 이를 악물고 활동을 계속하는 것도 '끝까지 해내는 힘'이나 '인내력'을 기를 수 있다고 말하는 사람도 있습니다. 하지만 그것은 잘못된 교육이라고 생각합니다.

사회에서도 공공사업에 문제가 생겼을 때, 책임자가 사태의 악화 조짐을 예견하면서도 '일단 시작했으니 중도에 포기할 수는 없다'라고 하면서 그대로 사업을 진행하는 일이 있습니다. 아이에게 '한번 결정한 일은 무슨 일이 있어도 끝까지 해야 한다'고 가르치는 것도 그와 비슷합니다.

그보다는 세상에는 "군자는 잘못을 깨달았을 때 즉시 고친다"라는 말도 있다는 것을 가르치면 좋겠습니다. 자기 행동은 스스로 언제라도 바꿀 수 있습니다. 시도해보고 실패했다고 생각하면 그만두면 되는 것입니다. 그 점을 가르치려면 '부모의 사정'보다 아이 자신의 '하고 싶다', '그만두고 싶다'는 마음을 먼저 고려해주시기 바랍니다.

아이는 정말 하고 싶은 것을 발견하면 그냥 내버려두어도 끝까지 해냅니다. 끝까지 해내는 힘 같은 건 부모가 단련시켜줄 필요가 없습니다.

상황별 포인트 ⑲ 등교 거부

공부와 관련한 여러 가지 힘든 점 때문에 학교에 가기가 어렵다는 상담 의뢰가 자주 들어옵니다. 구체적인 사례를 소개하겠습니다.

사례 22 보건실엔 가지만, 교실엔 못 들어가는 아이

N은 초등학생 남자아이입니다. 1학년 때는 수업이나 쉬는 시간, 급식 시간 등 다양한 상황에 잘 적응하지 못할 때가 많아서 결석하는 날이 늘다가, 2학년이 되고부터는 교실에 못 들어가게 되었습니다.

N은 부모가 동행하면 집을 나서서 학교까지 가기는 하지만 교실로 향하지 못합니다. 교실에 들어가기가 두려워서 교실로 올라가는 입구에 선 채로 몸이 굳어버립니다. 처음에는 교사가 마중을 나와서 교실까지 데리고 들어갔지만, 교사도 바빠서 지금은 그런 지원도 없습니다. 현재는 교실에 들어가지 못하고 보건실로 등교하고, 학교를 쉬는 날도 있습니다.

부모는 N을 격려하며 교실로 가게 하는 것이 좋을지, 아니면 무리하지 않고 쉬게 하는 것이 좋을지 고심하고 있습니다.

해설

이번 장의 몸단장 항목에서 '화장실에 혼자 못 가는' 아이의 이야기를 소개하면서(140페이지), 아이가 하지 못하는 이유에는 '능력의 문제'와 '마음의 문제'가 있다고 말씀드렸습니다.

아이가 집에서 학교까지 이동하는 건 가능한데, 교실에 들어가기가 안 되는 것은 '마음의 문제'입니다. 이런 경우 아이의 마음을 헤아리며 그 아이가 고통스러운 생각을 떠올리지 않도록 대응해야 합니다.

이 사례에서는 부모가 '학교까지 아이와 동행한다', 교사가 '교실까지 아이를 데리고 들어간다'는 방법으로 대응하고 있지만, 2가지는 모두 아이를 학교 교실까지 이동만 시켜줄 뿐 본인의 마음에는 응답해주지 않습니다. '왜 들어가지 못하는가'에 대한 고민 없이 이동만 지원해서는 본인의 마음이 편해지지 않겠지요.

아이가 '왜 학교에 가지 못하는가'를 생각해봅시다.

아이가 교실에 들어가지 않으려는 이유가 '잘하지 못하는 것이 많아서'라면, 교실 활동에 변화를 줄 필요가 있습니다. N에게는 서툴고 실패할 수밖에 없는 활동이 아니라, 즐기면서 배울 수 있는 활동을 만들어줍니다. 그러면 N의 마음도 달라질 수 있습니다.

다소 냉혹하게 들릴지도 모르지만 그런 **배려가 전혀 없이 단지 N에게 '교실에 들어가자', '힘내보자'고 호소하는 것은 '오늘도 늘 가던 고문실로 들어가자!'고 말하는 것과 같습니다.**

학교 측이 상황을 이해하고 N을 배려해준다면 좋겠지만, 그렇지 않다면 부모가 학교측과 상담을 해봅니다. 상담으로도 충분한 배려를 얻지 못한다면 학교를 쉬게 하는 것이 좋다고 생각합니다.

대응 1 부모와 담임 선생님뿐 아니라, 교직원의 이해도 구한다

등교 거부에 관해 학교 측과 상담할 때, 처음에는 부모와 담임만 이야기하는 경우가 많은데요, 부모나 담임도 당사자이기 때문에 일대일로 길게 대화하다 보면 이야기가 꼬일 때도 있습니다. 흔히 발생하는 문제가, 서로에게 '누구의 잘못인지'를 따지게 되는 패턴입니다. 그런 대화로는 문제를 해결할 수 없으니, 대화가 어긋날 듯싶으면 제3자에게 대화에 참여해달라고 부탁해봅니다.

학교에는 특수교육지원 코디네이터라든가 상담 교사, 양호 교사 등 여러 교직원이 있습니다. 그런 분들과도 상담하고 싶다는 의견을 담임 선생님이나 학년 주임 선생님에게 전달해보기 바랍니다. 경우에 따라서는 교장 선생님이나 교감 선생님과의 상담 혹은 함께 상담할 것을 부탁해보는 것도 좋을 수 있습니다.

지역에 따라서는 교육위원회에 책임자가 있어서 각 학교를 잘 지원하는 경우도 있습니다. 학교 밖의 교육 기관에 상담을 요청해보는 것도 한 가지 방법입니다.

다양한 사람과 대화하다 보면, 발달장애에 대해 잘 알고 있는 사람이나 아이의 사정을 이해해주는 사람과 만날 가능성이 커집니다. 그러면 학교 측의 배려가 많이 달라질 수 있으니 이 방법도 검토해보시기 바랍니다.

대응 2 등교를 힘들어한다면 강요하지 말고 아이의 마음을 보듬어준다

아이가 학교에 가지 않게 되면, 부모는 아이의 장래가 걱정되겠지만 억지로 학교에 가게 하지는 않도록 합니다. 부모가 아무리 묘책을 찾아내도 단지 학교에 다니는 것만 목표로 한다면 아이의 고통은 그대로일 것입니다.

공부가 힘든 것인지, 체육 활동이 어려워 힘든 것인지, 친구 교제가 고민인 건지 그렇지 않으면 집단행동 예절을 지키지 못해 겉도는 것인지, 아이가 왜 학교를 거부하는지 헤아립니다. 그리고 그 원인에 대처해야만 문제가 해결됩니다. 그 문제가 해결되지 않은 상태로는 부모가 아이를 학교에 보내려고 할수록 아이는 마음에 상처를 입게 되고, 부모와 자녀의 관계도 나빠집니다.

부모와 학교 측이 상의해 아이가 학교에 가지 못하는 원인을 함께 알아낸다면 좋겠지만, 그것이 어려운 경우에는 등교를 독려하기보다는 아이의 마음을 보듬어주는 것이 우선입니다. 그렇게 좋은 부모와 자녀 관계를 유지하도록 노력해주세요.

부모와 자녀의 관계가 무너지지만 않으면, 적어도 가정은 아이에게 안심할 수 있는 장소가 됩니다. 부모가 아이를 억지로 학교에 보내려 든다면, 그 압박감으로 아이가 가정에서도 마음의 안정을 찾지 못할 수 있습니다. '학교도 가기 싫고, 집에도 있기 싫다'고 느낄 수 있습니다. 그런 대응은 절대로 피하는 것이 좋습니다.

상황별 포인트 ⑳ 왕따

대응 어른이 2가지 대책을 세워서 왕따를 예방한다

발달장애 아이는 집단에서 벗어난 행동을 하는 일이 있습니다. 그런 일이 몇 번 계속되면 주변 아이들의 반감을 사게 되고, 왕따를 당하기도 합니다.

그때 다른 아이들이 '저 애는 늘 시끄러워서 싫어'라고 말하기도 하는데요, 시끄럽다고 해서 왕따를 당해도 되는 것은 아닙니다. 특정 아이가 '늘 시끄러운' 상태라면, 어른이 그에 대한 대책을 마련해주어야 합니다.

왕따는 매우 심각한 문제이며 대책을 마련하기도 쉬운 일은 아닙니다. 여기에서는 기본적인 생각을 소개합니다. 이것만으로 왕따가 해결되지는 않겠지만, 왕따 대책의 기본 방침으로 참고해주시기 바랍니다. 실제로도 이런 방침을 염두에 두고 상황을 자세히 파악해 개별적인 대책을 세우게 됩니다.

① 환경을 조정한다

아이가 집단에서 벗어난 행동을 되도록 하지 않도록 환경을 조정합니다. 이 사례의 경우는 아이가 왜 소란을 피우는지 살피고 대응하는 방식을 취합니다. 아이에게 예절을 가르쳐야 할지, 좌석 배치를 바꿔야 할지, 아직은 여러 사람 속에 섞여 배우는 것이 힘들어 보이니 부모가 학교 측과 상의하는 것이 좋을지 등 다양한 가능성을 검토해가

며 아이가 무리하지 않도록 신중히 대응합니다.

② 다양성 학습을 진행한다

환경을 조정해주어도 발달장애 아이가 집단에서 벗어난 행동을 하는 경우가 있습니다. 소수자 특성이 있는 아이가 늘 다수와 같은 행동을 하는 것은 불가능합니다. 그런 점을 전제로 학교 전체가 다양성에 관한 학습을 진행하는 것도 중요합니다. 아이들에게 '자신을 비롯한 대부분의 사람이 하는 것을 똑같이 따라 하지 못하는 사람이 있다고 해도 그 사람을 집단에서 배제해서는 안 된다'는 것을 가르쳐야 합니다.

발달장애 아이가 집단에 적응하지 못해서 힘들어할 때는 환경을 조정해주고, 어느 정도 적응에 필요한 지원도 하면서 주변 아이들이 충분히 이해할 수 있게 합니다. 그래서 발달장애 아이가 적응하지 못하는 부분이 트러블로 이어지지 않도록 대처합니다.

이것은 사실 왕따 대응책이라기보다는 발달장애에 대한 기본적인 대응법입니다. 발달장애 아이가 왕따를 당하는 것은 본인의 책임이 아니므로, 발달장애의 특성이 불필요한 트러블로 이어지지 않도록 기본적인 대응을 할 수밖에 없습니다.

이런 대응을 하다 보면, '발달장애 아이의 행동이 왕따의 원인이 된다'고 오해하는 사람이 생길 수 있는데요, 명확하게 아니라고 말해야 합니다.

왕따의 원인은 발달장애의 특성이 아이들 사이의 트러블로 이어지는

일을 어른들이 미연에 방지하지 못했기 때문이라고 생각해주세요. 어른이 발달장애를 이해하고, 발달장애 아이와 그 주변 아이들에게 적절하게 대응한다면 왕따는 쉽게 일어나지 않습니다. 그런 문제는 발달장애뿐 아니라 다른 모든 일에도 마찬가지라고 말할 수 있습니다. 불필요한 트러블을 예방하는 지원의 필요성, 어떤 트러블도 왕따의 이유가 되어서는 안 된다는 학습의 필요성을 발달장애뿐 아니라 다른 모든 일에도 적용해봅니다.

5장

아이가 행복해지는 발달장애 육아법

'발달장애 육아법'이란

이 책에서 "발달장애 아이는 개성이 있으니, 부모도 상식에 얽매이지 말고 아이에게 맞는 방법으로 유연하게 대응책을 바꿔주는 것이 좋다"라고 반복해서 설명해드렸습니다.

이어서 발달장애 아이 양육 시의 기본적인 사고법, 구체적인 칭찬법과 꾸중법, 상황별 포인트 등을 말씀드렸습니다.

앞에서도 언급했지만, 발달장애 아이는 각각의 개성이 있습니다. 어느 한 아이에게 이 책의 내용이 모두 꼭 들어맞지는 않을 것입니다. 도움이 될 만한 부분을 선별해 적용해보시기 바랍니다.

지금까지 소개한 방법 중에서 어쩌면 즉시 시도해볼 만한 방법 몇 가지는 찾지 않으셨을까 생각하지만, 마음 한편으로는 '정말 그렇게까지 해야 하나?'라는 의문을 가지셨을지도 모릅니다.

그래서 마지막으로 다시 '발달장애 육아법'을 정리해보려고 합니다. 발달장애 아이는 어떻게 키워야 하는지, 다시 생각해봅시다.

'조기 발견·조기 치료 교육'은 중요할까?

발달장애 육아법으로 '조기 발견·조기 치료 교육'이 중요하다는 말을 많이 합니다. 조기 발견은 발달장애의 특성을 빨리 발견하는 것입니다. 조기 치료와 조기 교육은 '치료와 교육'을 가능한 한 빨리하는 것입니다.

하지만 발달장애의 조기 '치료와 교육'은 특수한 표현이라서, 치료와 교육을 어떻게 받아들일지에 따라 조기 치료와 조기 교육의 의미도 달라집니다. 세상에는 다양한 '치료 교육'이 있고 그 내용에 따라 **좋은 대응이 될 수도 있지만, 전혀 바람직한 대응이 아닐 때도 있습니다.** 어떤 치료 교육이 적절한지 생각해보는 것이 중요합니다.

'치료 교육'이란 무엇일까?

'치료 교육'의 원류를 찾아보면, 오스트리아 빈 대학의 소아과 의사이며 발달장애 연구로 유명한 한스 아스퍼거Hans Asperger(1906~1980)가 말한 '하일렌 페다고기크'라는 지점에 도달합니다. 아마도 이것이 원류 중 하나일 것입니다. 독일어로 '하일렌Heilen'은 치료하다, '페다고기크Pädagogik'는 교수법을 의미합니다. '치료 교육'이라는 의미로 생각할 수 있습니다. 장애가 있는 아이의 치료 연구가 행해졌겠지요.

일본에서는 '지체장애아 교육의 아버지'라고 불리는 정형외과의 다카기 겐지(1889~1963)가 지체장애아 치료를 위한 치료 교육의 원형을 만들었습니다. 다카기 선생은 명확하게 '치료 교육'이라는 표현을 사용했습니다. "의료, 훈련, 교육 같은 현대 과학을 총동원해 장애를 가능한 한 극복하고, 그 아이가 가진 발달 능력을 되도록 유효하게 성장시켜 자립할 수 있도록 육성하는 것"이라는 말로 치료 교육을 정의했습니다.

그 후에도 치료 교육은 여러 사람의 연구와 실천을 거치며 발전해 왔습니다. 현재 치료 교육이란 '치료적 시점으로 교육하는 것'을 종합적으로 나타내는 말이라고 생각하면 좋겠습니다.

장애의 '극복', 어떻게 생각하면 좋을까?

다카기 선생의 말씀 가운데 "장애를 가능한 한 극복한다"라는 문구가 있습니다. 이것을 발달장애에 적용해 생각해보면, 대인 관계의 어려움이나 부주의 특성으로 일어나는 문제를 얼마만큼 줄일 수 있는가 하는 문제로 연결되는데요, 여기에는 약간의 주의가 필요합니다.

발달장애 아이의 경우 단기적으로는 대인 관계의 어려움이 줄어들더라도, 장기적으로 더 큰 곤경이 뒤따를 수도 있습니다.

예를 들면, 대화 연습을 통해 대인 관계가 개선된 아이가 실제로는 상대에게 필사적으로 자신을 맞춘 것이며, 겉보기에는 개선된 듯 보여도 내면적으로 심한 스트레스를 느끼는 경우가 있습니다. 겉모습만 보면 주변 사람은 '문제가 해소되었다'고 오해할 수도 있는 것입니다. 그런 아이는 사춘기가 되어 대인 관계가 복잡해질 즈음 '더는 못하겠어'라고 느끼며 등교를 거부하거나, 우울과 불안 등으로 힘들어지기도 합니다.

당장의 효과보다는 아이의 마음이 중요하다

물론 대화 연습을 통해 실제로 대인 관계가 개선되는 아이도 있습니다. 연습이 불가능한 것은 아닙니다.

다만 눈앞의 효과에 집착하다 보면, 무리하게 아이를 다그칠 수도 있습니다. 그러지 않도록 아이의 마음을 늘 배려해주시기 바랍니다. 어떤 상황에 대응할 때는 그 대응이 '아이에게 적절한지' 늘 고려하도록 합니다. 아이가 너무 애쓰지 않고 배우는지 확인하고, 즐겁게 임하는지 살핍니다. 싫으면서도 붙잡고 있는 건 아닌지 관찰합니다. 그런 부분을 살펴보고, 아이가 잘 연습하고 있다면 괜찮다고 생각합니다.

'아이가 즐기고 있는가'를 생각한다

현재 의료 기관이나 치료 교육 기관 등에서 다양한 치료 교육을 행하고 있습니다. 해외에서 검증된 방법을 도입한 곳도 있고 독자적인 프로그램을 운영하는 곳도 있습니다. 구체적인 내용을 보면 교과 학습 보충을 중심으로 하는 곳, 놀면서 편안한 시간이 많은 곳, 커뮤니케이션 연습을 적극적으로 하는 곳 등 다양합니다.

치료 교육의 종류와 형태가 다양하다 보니 어떤 방법이 좋을지 고민스러운 부분도 없지 않을 것입니다. 그럴 때 검증의 유무나 구체적인 활동 내용을 참고로 해도 좋겠지만, 저는 **'아이가 얼마나 기대에 부**

풀어 그곳에 가는지'를 중요하게 생각하고 다루어주기를 권유합니다.

예를 들면, 자유 시간이 많아 편안한 곳은 누구에게나 적합해 보일 수 있습니다. 하지만 발달장애 아이 중에는 짜인 틀이 없으면 자신이 어떤 활동을 해야 좋을지 몰라서 스트레스를 받는 아이도 있습니다. 부모는 '그곳에 가면 아이가 즐겁게 시간을 보낼 수 있겠지'라고 생각할 수 있지만, 아이는 '즐겁지 않다'고 느낄 수도 있습니다.

그런 아이는 예를 들어 '숙제하는 시간'이 명확히 정해진 곳에 가는 편이 활동하기 편할 수도 있습니다. 그 시간에 도움을 받으며 집중해서 숙제를 마치고 집으로 돌아온 후 좋아하는 것을 하는 편이 스트레스 없이 지낼 수 있고 많은 것을 배우는 경우도 있습니다.

학교 교육도 무리하지 않는 것이 좋다

학교 교육도 마찬가지입니다.

발달장애 아이는 학교에서 '특수교육지원'을 받을 수 있습니다. 특수교육은 아이 한 사람 한 사람의 니즈에 맞게 개인별로 교육을 지원합니다. 다양한 방법이 있는데 아이가 일반 학급에서 특성에 맞는 개별적 배려를 받는 경우도 있고, 일반 학교의 '특수학급'이나 '순회교육', '특수학교'처럼 전문적인 틀 속에서 배려를 받을 수도 있습니다.

그런 교육 지원도 아이에게 맞는 환경을 선택하는 것이 매우 중요합니다. 예를 들어 부모는 '일반 학급에서 교과 학습을 착실히 받는 것이 장래를 위해 좋다'고 생각할 수도 있지만, 아이가 공부 자체를 힘들어하고 읽고 쓰기에 대한 지원이 없는 환경이라면 학습이 잘 이루어지지 못할 수도 있습니다. 그런 환경에서 아이가 무리하다 보면, 공부가 힘들 뿐 아니라 의욕도 잃을 수 있습니다.

읽고 쓰기도 힘들어하는 아이가 기본적으로 읽고 쓰기가 된다는 전제하의 환경에서 학습하는 것은 마라톤을 전력으로 질주하는 것과 같습니다. 전력 질주가 매일 반복된다면 아이는 걷기도 싫어지겠지요. 그런 환경에서는 아이가 연필을 쥐기도, 교과서를 펴기도 싫어할 수 있습니다.

물론 일반 학급에서 읽고 쓰기를 지원받을 수도 있습니다. 일반 학급을 선택하면 안 된다는 이야기가 아닙니다. 학교 교육도 '아이에게 적합한지' 생각해보는 것이 중요합니다. 학급을 선택할 때도 '아이가 즐겁게 다닐 수 있는지' 잘 보고 대응하도록 합니다.

모두 함께 학습하는 것이 좋을까?

세상에는 '아이가 조금 힘이 들더라도 여럿이 함께 배워야 다양한 경험도 하고 잘 배울 수 있다'고 생각하는 사람도 있습니다.

하지만 저는 그런 '모두 함께'라는 방식을 잘 따져봐야 한다고 생각합니다.

장애아와 비장애아가 함께 학습하는 방식을 '인클루시브(통합) 교육'

이라고 합니다. 다양한 사람들이 함께 생활하는 '공생 사회'를 만들어 가기 위한 교육으로 알려져 있는데요, 그런 사고에서는 보통 '모두 다 같이'라고 할 때 영어의 'Together', 우리말로 하면 '함께'라는 단어가 많이 연상될 것입니다. 다양한 아이들이 각자의 방식대로 학습하면서, 함께 생활해가는 이미지입니다. 다 함께 축구를 할 때, 각각 다른 포지션으로 자신이 잘하는 역할을 하는 느낌이지요.

인클루시브 교육은 '모두 같지' 않아도 좋다

하지만 이와 같은 '모두 다 같이'를 '모두 똑같이'라고 착각하는 사람도 있습니다. 예를 들면, 학교에서 장애가 있는 아이나 없는 아이나 모두 똑같이 하는 것을 인클루시브 교육이라고 생각하는 사람도 있는 거지요.

학교 교사 중에는 아이들에게 모두 똑같은 숙제를 내주고, 똑같은 방법으로 해오도록 지시하는 사람도 있습니다. 읽기에 능하고 성인 대상의 문장을 줄줄 읽어내는 아이와 읽기를 못해서 교과서 한 문장도 읽어내기 힘들어하는 아이에게 똑같이 '소리 내어 3번 읽기' 같은 숙제를 내줍니다.

이것은 'Together(함께)'가 아니라, 'Same(똑같이)'입니다. 축구로 말하자면 모든 아이에게 슛을 날리게 하는 것과 마찬가지입니다. 달리기를 잘하는 학생이든 수비를 잘하는 학생이든 슛만 날리게 하는 것이니, 다양한 학습도 공생 사회도 이루어지지 못합니다. 이런 방식은 잘못된 인클루시브 교육이라고 말할 수 있습니다.

인클루시브 교육은 본래 Together(일체감으로 모두가 '함께')라기보다는 Alongside(옆으로 나란히 '함께')의 형태로 이루어져야 한다고 생각합니다. 우리말로 하면 '곁에서', '옆으로 나란히', '이웃하여'라는 의미가 됩니다.

활동은 모두 함께 하지만, 아이들 각자의 흥미나 능력에 맞추어 학습합니다. 예를 들면, 달리기가 빠른 아이들 옆에서 달리기가 늦은 아이들은 축구를 한다든가, 캐치볼을 잘하는 아이들 옆에서 캐치볼에 서툰 아이들은 푹신한 스펀지 볼로 게임을 하는 식입니다. 스포츠는 본래 즐기면서 하는 것입니다. 잘하는 사람은 잘하는 사람 나름대로 즐기는 방식이 있고, 서툰 사람은 서툰 사람 나름의 즐기는 방식이 있습니다.

아이들 '모두'를 한 팀에 두지 않고, 나누어보는 것도 오히려 좋지 않나 생각합니다. 혹은 모두가 한 팀으로 플레이할 때는 서툰 아이가 골을 넣었을 때 득점이 배가 되는 규칙이 있어도 좋겠습니다. 그런 방식이라면 어떤 타입의 아이라도 느긋하게 배울 수 있을 것입니다.

부모가 생각하는 '잘못된 인클루시브 교육'

그런데 발달장애 아이가 학령기에 이르면 **'일반 학급'** 또는 '특수학급'(장애아를 위해 특별히 설치된 소수자 학급) 중 어느 학급에 넣어야 할지 고민하는 부모가 적지 않을 것입니다. 기본적으로는 일반 학급에서 공부하면서 일부 수업에 대해서는 장애에 따른 특별 지도를 받는 '순회 교육'이라는 선택지도 있습니다.

부모 중에는 '비장애 아이들과 지내야 좋은 자극이 된다'는 생각에 일반 학급을 선택하는 사람도 있습니다.

하지만 과연 '좋은 자극이 된다'고 할 수 있을까요. 정말 그렇게 말할 수 있을까요.

실제로 일반 학급에 다니던 발달장애 당사자에게 어른이 되고 나서 학교생활을 돌아보게 했더니, '나 혼자만 고립된 듯한 느낌이었다', '선생님이나 친구들의 태도, 말에 스트레스를 받았다', '주변과 똑같이 하지 못하니, 민폐를 끼치는 것 같아 힘들었다'고 대답하는 사람이 많았습니다. 그렇게 말하는 사람은 주로 순회 교육 같은 배려 없이 일반 학급에서 공부한 사람들이었습니다.

즉 아무런 배려 없이 일반 학급에 넣으면, 아이는 자존감이나 주변 사람과의 인간관계로 상처받게 될지도 모릅니다. 발달장애의 특성이 치명적인 약점이 되는 순간은 아이의 특성을 본인이나 주변 사람이 이해하지 못하고 억지로 애쓰다가 실패나 충돌을 반복하게 되었을 때입니다.

2장에서도 말씀드렸지만, 발달장애의 특성을 가지고도 비교적 순조롭게 지내는 당사자도 많습니다. 성장하면서 2차 장애가 동반되어 힘들어진 이유는 무리하게 애를 쓰며 적절한 환경에서 자라지 못한 사람들에게 더 많다는 점도 기억해두시기 바랍니다.

발달이 걱정되는 아이, 보호자에게 어떻게 알릴까?

강연장에서 보육원이나 유치원 교사로부터 자주 접하는 상담 내용을 소개하겠습니다. 그것은 바로 '발달이 걱정되는 아이가 있을 때, 보호자에게 어떻게 알리면 좋을까요?'라는 질문이었습니다.

이에 대해 저는 '보호자에게는 객관적인 사실을 기초로 이야기해주세요'라고 답하고 있습니다. 예를 들면 다음과 같은 사실을 이야기합니다.

- 대부분의 아이는 필요하면 앉아 있기도 하는데, ○○는 차분히 앉아 있지 못한다
- 아이들 대부분은 즐거워 보이는데, ○○는 즐겁지 않은 것 같다
- 학예회 연습 때 대부분의 아이는 합창을 하는데, ○○는 노래하려고 하지 않는다
- ○○는 흥미가 없어지면, 가만있지 못하고 방에서 나간다

부모도 자신의 아이를 객관적으로 보는 것이 매우 중요합니다.

3장의 꾸중법 힌트에서 "친척 아이를 돌본다는 마음으로 꾸짖어보는 것도 좋다"라는 말씀을 드렸습니다. 그 말에는 아이에게 뭔가를 기대하지 말고 '친척 아이' 정도의 거리감을 두고 객관적으로 보기를 바라는 의도도 있습니다.

부모가 자신의 아이를 '객관적으로 보기'는 꽤 힘들 수도 있지만, 아

이를 있는 그대로 정확하게 본다는 점에서는 중요하다고 생각합니다.

앞에서 아이가 취학할 때가 되면 학급 선택으로 고민하는 부모의 이야기를 드렸는데요, 아이가 무리하지 않고 지낼 수 있는 환경도 객관적인 시각으로 지켜보기 바랍니다.

학력, 지적 능력이 높은 것과 사회 적응은 별개다

아무래도 부모는 아이의 학습 능력에 대해서도 신경을 쓰기 마련인데요, 이것도 지나치면 아이가 무리하는 원인이 됩니다.

학력이 중요한 세계에서 살아온 사람은 자녀에게도 학습 능력이 생기길 바랄 수 있는데요, 4장에서 해설한 것처럼 학력이 높은 것과 사회 적응을 잘하는 것은 일치하지 않을 수도 있습니다. 학습 능력과 사회에서 살아가는 힘은 별개로 생각해야 합니다. 아이가 어렵지 않게 사회에 적응하기 위해서는 생활 스킬을 연마하는 것이 중요합니다.

또 학습 능력과 마찬가지로, 높은 지적 능력도 높은 사회 적응력과 반드시 직결되지는 않습니다. 이 2가지도 구별해 생각하도록 합니다.

지적장애가 있으면 사회 참여 방식에 제한이 생길 수가 있습니다. 예를 들면 어른이 되었을 때, 일반적인 일이 어려워 복지 차원의 취업을 선택하는 경우입니다. 자신에게 맞는 일을 선택하고 자신에게 맞는 생활을 꾸려나갈 수 있다면 정신적으로는 안정된 상태로 생활할 수 있습니다.

일반적인 사람과는 지적 능력이 다르니, 사회 참여 방식도 다른 형태가 될 수 있지만, 그 사람 나름의 방식으로 충분히 사회에 적응할 수 있습니다. 이 경우도 역시 아이에게 맞는 방식, 아이에게 맞는 환경을 선택하는 것이 중요합니다.

발달장애와 지적장애를 구별해야 한다

발달장애와 지적장애는 중복되기도 하는데요, 이 2가지는 별개로 생각하는 것이 좋다고 생각합니다.

발달장애는 발달적 특성이 있어서 생활에 지장이 있는 상태입니다. 지적장애는 지적 능력이 평균에 비해 낮아서 생활에 지장을 초래하는 상태입니다.

발달장애 아이에게 지적장애가 중복되는 비율은 비장애아에게 지적장애가 있는 비율과 기본적으로 다르지 않습니다.

발달장애와 지적장애가 모두 있는 아이에게는 발달의 특성에 따른 대응과 지적 능력에 따른 대응을 각각 검토해야 합니다. 이것도 결국은 그 아이에게 맞는 대응을 생각해야 한다는 점으로 귀결되는데요, 이때 발달장애와 지적장애를 구별해 각각의 대응 방식을 생각하는 것이 좋겠습니다.

아이의 강점을 바탕으로 키운다

이 책에서 발달장애에 대한 대응을 해설하고 있지만, 결국 발달장애에 대한 대응은 아이의 특성을 이해하고 그 아이에게 맞는 방식이나 환경을 조성하는 것이 전부라고 생각합니다. 아이의 특성을 부정하지 않고 이해하며, 그 아이의 강점을 바탕으로 육아를 합니다. 그러면 아이는 나름의 방식으로 사회에 적응하고, 자기답게 편하고 느긋한 생활을 하게 됩니다.

예를 들면 AS의 특성이 있어서, 말로 하는 대화보다는 문자 교류를 더 잘하는 아이라면 그 강점을 살려서 커뮤니케이션 능력을 기릅니다. 말로 인사나 잡담을 하는 능력이 부족한 아이라면, 그것을 무리하게 극복하게 하지 않습니다. 그보다는 메일이나 앱 등을 활용해 좋아하는 것을 즐겁게 서로 이야기하는 경험을 쌓게 합니다. 그러다 보면 문자로 하는 인사나 잡담이 가능해지는 아이도 있습니다. 또 결과적으로 말로 인사할 수 있는 아이도 있습니다.

4장의 게임 항목에서 자신이 좋아하는 게임을 잘하는 선배에게 경어를 쓰게 된 아이의 사례를 소개했는데요(178페이지), 발달장애 아이는 그렇게 자기 나름의 커뮤니케이션을 익혀갑니다. '일반적인 방식'을 강요하지 말고, 그 아이다운 방식으로 성장할 수 있도록 지원합니다.

때로는 약간 비상식적일 수도, 비법 같은 방식이 될 수도 있습니다. 부모로서는 '그렇게까지 해야 하는 건가?'라고 생각할 수도 있지만, 무엇보다 아이가 부정당하지 않고, 존엄을 잃지 않고, 자기답게 성장할 수 있다면 그렇게 해보게 하는 것도 좋지 않을까요.

AS에는 AS만의 발달 코스가 있다

이런 생각을 저만 하는 것은 아닙니다. 예를 들면 몬트리올 대학의 로랑 모트롱Laurent Mottron 교수는 일찍이 'AS적인 언어 발달로는 안 되는 걸까?'라는 문제를 제기했습니다.

모트롱 교수는 AS 특성이 있는 아이는 어릴 때부터 일반적 언어 발달 루트로 이끌려고 하면 효과가 약하다는 의견을 내놓았습니다. AS의 특성이 있는 아이는 비언어적 커뮤니케이션을 어느 정도 이해하고 나서야 언어가 발달하는 특성이 있는데, 특히 유아기에는 소리 내어 말하며 커뮤니케이션하기보다는 문자로 적힌 것에 흥미를 보이는 일이 있다는 것, 그런 특성을 효과적으로 활용해 언어를 획득해가는 것이 좋지 않을까 하는 것이 그의 주장입니다.

예를 들면 청각장애아에게 언어를 가르칠 때는 말로 전달하는 노력을 하면서 몸짓으로 하는 '사인 언어'와 같은 커뮤니케이션 수단도 가르칩니다. 그와 마찬가지로 AS의 특성이 있는 아이에게도 그 아이에게 맞는 언어 발달 경로가 있고, 그 아이에게 맞는 방법이 필요합니다.

흥미를 자극하면 발달로 이어진다

'아이의 비사회적 흥미를 자극하는 것'을 목표로 대응해가는 것도 중요합니다. '비사회적 흥미'란 간단히 말하면 '대인 관계와 같은 사회적인 것' 이외의 흥미입니다. 예를 들면 '전철이 좋아', '곤충이 좋아', '그림 그리기가 좋아'처럼 사물이나 활동 그 자체에 대한 흥미입니다. 이런 흥미를 자극하다 보면 사회적인 것에 대한 흥미도 뒤따라 발달하게 됩니다.

발달장애 아이는 자기가 흥미를 느끼는 것을 통해서 나름의 방법으로 발달해가는 경우가 많습니다. 그것이 비정형적(일반적이지 않은) 발달로 보일 수도 있지만, 그 아이로서는 그것이 '근접발달영역'(106페이지)을 따라 성장해가는 길입니다.

게임을 좋아하는 아이가 고수의 선배에게 경어를 사용하는 것처럼, AS적 발달을 밟는 아이가 결국은 어느 정도의 정형적인 커뮤니케이션을 몸에 익히는 일도 있습니다.

'조기 발견·조기 브레이크'가 중요하다

지금까지 '치료 교육이란 무엇인가', '어떤 치료 교육을 선택할 것인가', '인클루시브 교육이란', '지적장애가 있는 경우'와 같은 문제에 대해 해설했습니다. 치료 교육에는 다양한 생각과 방식이 있고 어떤 것을 택하는가에 따라 아이를 양육하는 방식은 달라집니다. 반복되는 이야기지만, 아이에게 맞는 치료 교육, 아이에게 맞는 대응을 하는 것이 중요합니다.

저는 최근 '조기 발견·조기 브레이크'가 중요하다는 말씀을 드리고 있습니다.

발달장애의 특성을 알았을 때, 무조건 즉시 치료 교육을 시작해야 좋다는 말이 아닙니다. 아이에게 맞지 않는 치료 교육은 오히려 스트레스 지수를 높일 수 있습니다. 초조해하며 치료 교육을 추진하기보다는 먼저 아이의 특성을 이해하는 것이 중요합니다. 아이를 잘 이해했다면 그 아이에게 맞는 육아 방식이 보이기 시작합니다.

특히 아이를 평균적인 아이라 생각하고, 다른 아이와 똑같이 양육해 온 경우에는 부모의 의식을 바꾸는 것이 중요합니다. 예전처럼 '다른 아이들도 잘하고 있으니까', '적어도 이 정도쯤은'이라는 생각을 갖고 있으면, 아이에게 무리한 것을 요구하기 때문입니다.

발달장애의 특성이 보일 때는 그때까지의 양육 방식에 한번 제동을 걸어보고, 잠시 아이를 이해하는 시간을 가져봅니다. 가능한 한 빠른 시기에 제동이 걸릴 수 있다면 그만큼 아이가 힘들어질 가능성도 줄어듭니다. 그런 의미에서 '조기 브레이크'가 중요한 것입니다.

육아를 잠시 멈추고, 속도를 조절한다

발달장애 아이를 양육한다는 것은 양육의 속도를 조절하는 것과 같습니다.

부모가 일반적으로 '아이는 이렇게 자라는 법이지'라는 이미지를 연상하고, '이렇게 자라주었으면 좋겠다'고 바라면서 아주 빠른 속도로 달려왔다고 해봅시다. 그런데 아이에게 발달장애의 특성이 있다는 걸 깨닫고 지금까지의 양육 방식에 제동을 겁니다. 그 상태로는 아이가 너무 힘들어질 수 있다는 것을 조금씩 깨달았기 때문입니다. 그래서 아이를 이해하고, 아이에게 맞는 방식으로 조금씩 바꿔갑니다. **부모는 양육 속도를 조절해서 아이에게 맞는 빠르기와 주법으로 다시 달려가야 합니다.**

전문가의 일은 그런 속도의 조절을 돕는 것입니다. 부모의 희망과 바람으로 지속해오던 양육 방식을 어느 날을 경계로 대폭 수정한다는 것은 매우 어려운 일입니다. 발달장애 아이를 기르는 부모들은 모두 그런 어려운 상황에 직면하고 있습니다. 어떤 방향과 속도에서 어떻게 바꿔주면 좋을지, 구체적으로 무엇을 어떻게 하면 좋을지, 조금이라도 부드러운 전환을 위해 필요하다면 전문가와 상담해보기 바랍니다.

속도를 조절하면 부모도 아이도 편안해진다

저에게 상담하러 오는 부모들은 여러 양육 문제로 고민하고 있습니다. 그래서 저는 어떻게 하면 아이나 부모가 모두 편안해질 수 있을지 고민합니다. 부모에게는 '어떻게 하는 것이 아이를 위한 일인가'라는 문제가 가장 중요하겠지만, 그보다 **'어떻게 해야 자신과 아이가 모두 편안한 일상을 보낼 수 있을까'**에 초점을 맞춰 생각하는 것이 더 좋다는 점을 알려드리고 있습니다.

양육의 속도나 방향을 잘 전환하면 아이가 자유롭게 지내기도 하지만, 그 결과로 부모가 편안해지기도 합니다. 저는 그런 예후가 있다는 점도 알려드리면서 부모의 양육 속도와 방향 전환을 돕고 있습니다.

부모도 의식을 바꾸기가 쉽지는 않다

다만 양육 방식에 문제가 있고 방향 전환이 필요하다는 말을 들었다고 해서 부모가 즉시 '알겠습니다!' 하고 반응하는 일은 거의 없습니다. 처음에는 대부분 뭐라고 말할 수 없는 복잡한 표정을 짓습니다.

부모는 많은 것을 감내하면서 아이를 양육합니다. 부모도 아이에게 희망을 품고 있고, 주위의 기대도 있겠지요. 그러니 아이가 순조롭게 자라지 못하면 자신의 책임은 아닌지 걱정도 하게 됩니다. 그래서 부모의 자격이 없는 건 아닐까 고민하면서 진료실을 찾아오는 분도 있습니다.

그런데 갑자기 '양육 방식을 바꿔야 합니다!', 그래야 '부모도 아이도 편해집니다!'라는 말을 들으면 당연히 반신반의하겠지요. 이 책을 여기까지 읽으신 여러분 중에도 양육 방식에 관한 제동이나 방향 전환에 관한 이야기를 아직 믿지 못하는 분도 있을 것입니다.

실천하면서 의식을 바꿔간다

여러분은 이 책에서 소개한 방법 중 몇 가지는 반드시 시도해보기를 바랍니다. 실제로 기존 양육 방식을 멈추고 방법을 바꿔보면 아이의 반응이 달라지고 좋아지는 일을 경험합니다.

그렇게 성공 체험이 계속되면 비로소 '양육 속도와 방향을 바꾸는 것이 중요하다는 게 정말이었어'라는 생각이 들겠지요. 실천을 거듭하는 사이에 그때까지 잠재되어 있던 의식이 깨지고, 사고가 달라집니다. 육아관의 코페르니쿠스적 전환을 체험하는 순간을 경험하게 될 것입니다.

제가 만나온 부모들도 시간을 갖고 다양한 시도를 하면서 양육 방식을 다시 살펴보고 있습니다. 그렇게 해서 부모가 바뀌면 아이도 달라집니다. 언제 시작해도 늦지 않습니다.

특성은 그대로지만 생활의 질이 향상된다

제가 진료했던 아이의 부모가 양육 일기를 써서 주신 적이 있습니다. 그분은 아이의 발달이 다른 아이와 다르고, 육아서와도 전혀 달랐다고 기록하셨습니다. 하지만 '왜 우리 아이는 못하는 걸까'라고 생각하지 않고, 아이의 페이스에 맞추어 육아를 진행했습니다. 그 결과 타고난 특성은 여전히 그대로 남았지만, 생활의 질이 향상되었다고 적어 주셨습니다.

그렇다고 아이가 정형 발달에 근접하게 된 건 아닙니다. 변하지 않는 것은 달라지지 않습니다. 하지만 달라지는 부분은 변화합니다. 생활의 질이 향상됩니다. 그것이 발달장애 아이 양육법의 이상적인 이미지 중 하나라고 생각합니다.

나는 여러분이 이 책을 타고난 특성은 그대로겠지만, 순조롭게 생활할 수 있는 육아법의 힌트로 사용해주셨으면 합니다. 이 책에 발달장애 아이의 육아법으로 다양한 방법을 소개했습니다. 그 방법 중에서 아이에게 맞는 방식, 아이에게 맞는 환경을 찾아내시기 바랍니다.

그리고 아이가 너무 애쓰지 않아도 좋도록, 2차 장애로 고통받는 일이 없도록 아이의 페이스대로 지원해주시기 바랍니다. 그런 도움을 드리기 위해 이 책을 썼습니다. 여러분이 양육의 방향을 잘 전환해 아이와 함께 즐기며 살아가기를 마음으로 기원합니다.

아이도 부모도 더 즐거워진다

1988년에 정신과 의사로 일을 시작한 지 올해로 36년이 되었습니다. 처음에는 주로 성인의 다양한 질환을 대상으로 폭넓은 진료를 해오다가, 자폐범주성장애ASD에 관심을 갖게 되면서 이 분야를 전문적으로 다루게 되었습니다.

1991년부터 요코하마시 종합재활센터에서 근무했고, 그곳에서 많은 발달장애 아이를 진료했습니다. 당시 요코하마시가 영유아 진료를 적극적으로 활용해 장애아의 조기 발견에 매진하면서, 보건의의 소개로 지역의 지적장애아와 발달장애 아이들이 속속 저의 진료실에 오게 되었습니다.

덕분에 저는 20대부터 ASD, ADHD, LD를 가진 발달장애 아이들을 빠르게는 2.5세부터 외래에서 진료하게 되었습니다. 당시에는 저처럼 젊은 의사는 극히 드물었습니다. 재활센터를 그만둘 때까지 약 20년간 아이들을 정기적으로 진료하다 보니, 수백 명의 발달장애가 있는 분들을 유아기에 만나 성인이 될 때까지 지속적으로 관찰할 수 있었습니다. 지금도 그분들을 진료실에서 계속 만나고 있는데, 그중에는 유아기부터 30대 중반이 될 때까지 계속 진료를 받아온 분도 있습니다.

요코하마를 떠난 후에는 야마나시현을 거쳐서 현재 나가노현의 대학병원 '어린이의 마음' 진료부에서 일하고 있습니다. 이곳에서는 주로 등교 거부, 가정 폭력, 우울, 불안 등 행동이나 정서에 문제가 있는 초·중학생 진료를 담당하고 있습니다. 그들의 과반수가 배경으로 발달장애 혹은 그 특성을 안고 있습니다.

제가 발달장애를 전문적으로 다루기 시작한 지 30년이 지났습니다. 처음 20년간은 요코하마에서 유아기부터 만나온 사람들을 진료했고, 최근 10년간은 야마나시, 나가노에서 초등학교 이후의 아이들을 중심으로 진료를 해왔습니다. 같은 발달장애라도 전자와 후자는 문제의 표출 방식이 매우 달랐고, 그 차이는 2차 장애의 유무에서 오는 경우가 많다고 느꼈습니다.

요즘은 어른이 되고 나서 자신이 발달장애일 수도 있다는 생각에 상담이나 의료 기관을 찾는 사람들이 매우 많아졌습니다. 그런 사람들은 생활하면서 다양한 '불편감'을 느낀다고 말합니다. 그 원인이 발달장애가 아닐까 하는 생각으로 상담을 받으러 옵니다. 하지만 그들이 느끼는 불편감의 배후에는 발달장애뿐 아니라, 2차 장애가 더해진 경우가 많습니다.

제가 최근 10년간 2차 장애가 있는 발달장애인들과 접할 기회가 많다 보니 조금씩 확신을 갖게 되었습니다. 시간은 걸리겠지만 2차 장애를 개선하고 불편감을 줄일 방법은 있다고 생각합니다. 하지만 2차 장애에 대한 가장 좋은 대책은 예방이라는 점을 통감하고 있습니다.

지금까지 저는 다양한 발달장애 관련 책을 집필·감수해왔습니다. 발달장애가 아직은 널리 알려지지 않았기에 '발달장애'에 대한 설명에 많은 지면을 할애했습니다. 하지만 2차 장애를 개선하는 것, 무엇보다 2차 장애의 출현을 예방함으로써 발달장애의 특성이 있어도 아이가 자유롭게 성장하기 위해서는 양육 방식에 관한 책을 쓸 필요가 있다는 걸 절감하고 있습니다.

이 책에서는 유아기부터 사춘기에 접어드는 시기까지의 아동에 한정해, 발달장애 혹은 그 특성이 있는 아이의 양육 방법에 대해 말씀드렸습니다. 가능한 한 평소 진찰실에서 부모들에게 전하는 구체적인 이야기를 많이 싣고자 했습니다.

제가 30년에 걸친 임상 경험 중 이렇게 생각하면 좋겠다든가, 이런 방식이면 틀림없겠다고 판단한 것만 말씀드렸습니다. 부모들이 볼 때 의외라고 느껴지는 것도, 즉시 받아들이기 힘든 것도 있을 수 있습니다. 하지만 임상 현장에서 저희 전문가가 느끼는 점을 되도록 솔직하게 전달하려고 했습니다.

가능하면 이 책을 반복해서 읽으며 조금씩 아이와의 접촉 방식을 연구해보시기 바랍니다. 분명 아이의 표정이 밝아지는 순간이 있으리라 생각합니다. 그리고 부모 역시 '육아가 즐거워졌다', '조금 자신감이 생겼다'고 느낄 때가 오리라고 믿습니다.

마지막으로, 이 책의 집필을 도와주고 자녀 양육의 귀중한 코멘트를 나눠주신 나카모토 도모코 씨, 이시카와 사토시 씨에게 깊은 감사를 드립니다.

혼다 히데오

ADHD·자폐
아이를 성장시키는
말 걸기

초판 2쇄 발행 2024년 4월 20일

지은이 혼다 히데오
옮긴이 왕언경
펴낸이 명혜정
펴낸곳 도서출판 이아소
편집장 송수영
교 열 정수완
디자인 이창욱

등록번호 제311-2004-00014호
등록일자 2004년 4월 22일
주소 04002 서울시 마포구 월드컵북로5나길 18 1012호
전화 (02)337-0446 팩스 (02)337-0402

책값은 뒤표지에 있습니다.
ISBN 979-11-87113-61-4 13590

도서출판 이아소는 독자 여러분의 의견을 소중하게 생각합니다.
E-mail: iasobook@gmail.com